Canon佳能 EOS 5D Mark II 全程学习指南

许安雄 编著

化学工业出版社

·北京·

图书在版编目（CIP）数据

佳能EOS 5D Mark Ⅱ 全程学习指南/许安雄编著.—北京：化学工业出版社，2011.10
ISBN 978-7-122-12306-0

Ⅰ.佳…　Ⅱ.许…　Ⅲ.数字照相机：单镜头反光照相机-摄影技术-指南　Ⅳ.①TB86-62 ②J41-62

中国版本图书馆CIP数据核字（2011）第188541号

原繁体版书名：佳能EOS 5D MarkⅡ/50D完全攻略　　作者：許安雄
ISBN 978-986-84595-5-7

北京市版权局著作权合同登记号：01-2010-4236

责任编辑：郑叶琳　　装帧设计：尹琳琳
责任校对：战河红

出版发行：化学工业出版社（北京市东城区青年湖南街13号　邮政编码100011）
印　　装：北京瑞禾彩色印刷有限公司
710mm×1000mm　1/16　印张10　字数254千字　　2012年1月北京第1版第1次印刷

购书咨询：010-64518888（传真：010-64519686）　　售后服务：010-64518899
网　　址：http://www.cip.com.cn
凡购买本书，如有缺损质量问题，本社销售中心负责调换。

定　　价：45.00元　

目录

4	专家画廊 **美少女写真** 5D Mark II
10	**水底世界** EOS 50D
22	画质旗舰**5D Mark II新功能**一览
30	速度旗舰**EOS 50D新功能**一览
38	Canon 5D Mark II/50D快速入门
47	**进阶攻略** 对焦／Live View／测光／相片风格／感光度／白平衡／画质
77	用5D Mark II/50D拍出好照片 **人物写真／风景晨昏／闪灯摄影**
103	**世纪全画幅机PK战** Canon 5D Mark II×SONY α900×Nikon D3X 基本规格×数码解像力×操控性能×人物写真×高感光度噪点×连拍性能
115	**单反镜头搭配术** 5D Mark II速配镜头 50D速配镜头
144	**Canon DPP专家修图攻略**
155	镜头规格表Canon/Tamron/Tokina

1 专家画廊

EOS 5D Mark II

P4–P5

拍摄信息：Canon EOS 5D Mark II，M模式，F8 1/200秒，EF 17–40mm F4 L USM，ISO100，评价式测光，相片风格：肖像，使用580EX II无线闪灯补光，模特：摄影学园 婷婷，新竹南寮。

P6

拍摄信息：Canon EOS 5D Mark II，Av模式，F1.2 1/320秒，EF 50mm F1.2 L USM，ISO800，评价式测光，+1.3EV，相片风格：肖像，模特：摄影学园 婷婷，新竹南寮。

P7

拍摄信息：Canon EOS 5D Mark II，M模式，F5 1/160秒，EF 50mm F1.2 L USM，ISO100，评价式测光，相片风格：影棚人像，使用580EX II无线闪灯补光，模特 摄影学园 婷婷，新竹南寮。

P4~P7 特别感谢：彩妆造型 贝儿（林珍卉）0922–272–645

玩美魔女Blog http://www.wretch.cc/blog/kissableyou

P8

拍摄信息：Canon EOS 5D Mark II，F3.5，1/1600秒，ISO100。

人物写真摄影师 陈汉荣

摄影学园负责人

著作

人像摄影圣经

闪灯摄影圣经

[六天七夜的亲密接触
体验2110万像素的感动！]

Canon在2008年秋发表了EOS 5D Mark II，一部像素高达2110万的全画幅画质旗舰机型。Herman有幸在新机于台湾发布的同时，参与了新机试用，体验2100万像素的实力震撼。

在为期六天的各类人像题材的试用中，EOS 5D Mark II不仅发挥了Canon家族在人像摄影方面的优势，同时在2110万像素的解析度帮助之下，我们发现了一件让摄影师兴奋，让模特尖叫的事情，那就是在这么高的解析度之下，连模特脸上皮肤的细微纹路及毛发都被一清二楚的呈现出来，美眉们，一定要好好保养哦。

此外首度加入的无线闪光灯菜单，让闪光灯资深使用者的我大为感动，从此我们不用在580 EXII那个难用的界面上进行离机闪光灯的设定了，一切都可以从EOS 5D Mark II的机身上，用清楚而有条理的菜单，从容的完成各项设定。

除了机身内置的相片风格之外，我也试用了从网络上下载的摄影棚人像，利用DPP软件套用在第7页的人像作品上，这样的设计让不少专业摄影师的后期制作工作变得更轻松了。

以我一个资深人像拍摄及资深闪光灯使用者的看法来说，如果你喜欢拍人像，那么用Canon EOS 5D Mark II是一个明智的选择。

水底世界

龙信安

EOS 50D

P10

拍摄信息：Canon EF 24–105mm F4L IS USM，Av模式，F8，1/250秒，ISO 800，相片风格：风景，日本横滨Sea Paradise。

P12

拍摄信息：Canon EF 24–105mm F4L IS USM，Av模式，F4，1/50秒，ISO 3200，相片风格：风景，日本横滨Sea Paradise。

P14

拍摄信息：Canon EF 24–105mm F4L IS USM，Av模式，F8，1/200秒，ISO 800，相片风格：风景，日本横滨Sea Paradise。

P16

拍摄信息：Canon EF 24–105mm F4L IS USM，Av模式，F4，1/25秒，ISO 3200，相片风格：风景，日本横滨Sea Paradise。

P18

拍摄信息：Canon EF 24–105mm F4L IS USM，Av模式，F4，1/60秒，ISO 800，相片风格：风景，日本横滨Sea Paradise。

P20

拍摄信息：Canon EF 24–105mm F4L IS USM，Av模式，F4，1/40秒，ISO 6400，相片风格：风景，日本横滨Sea Paradise。

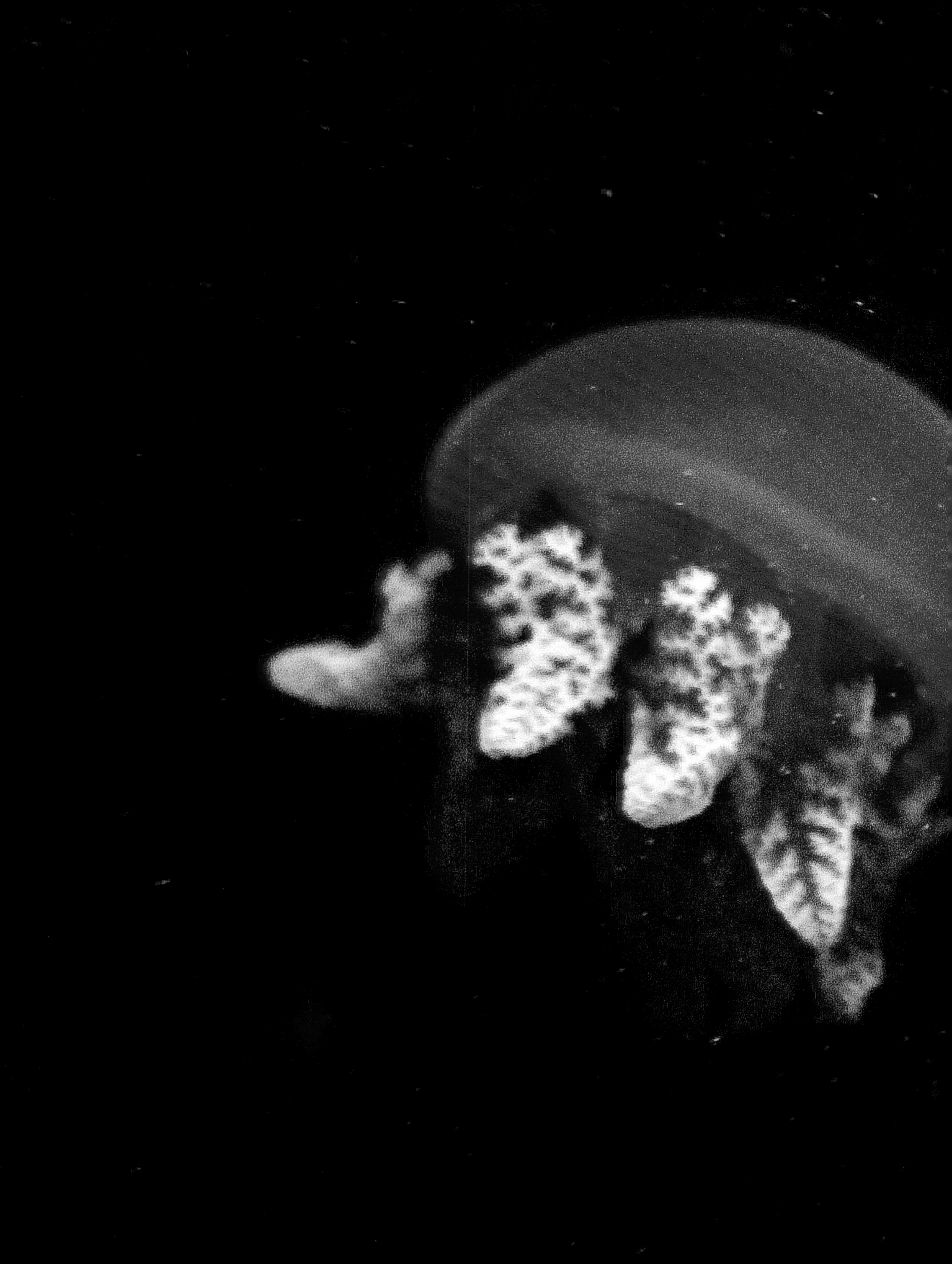

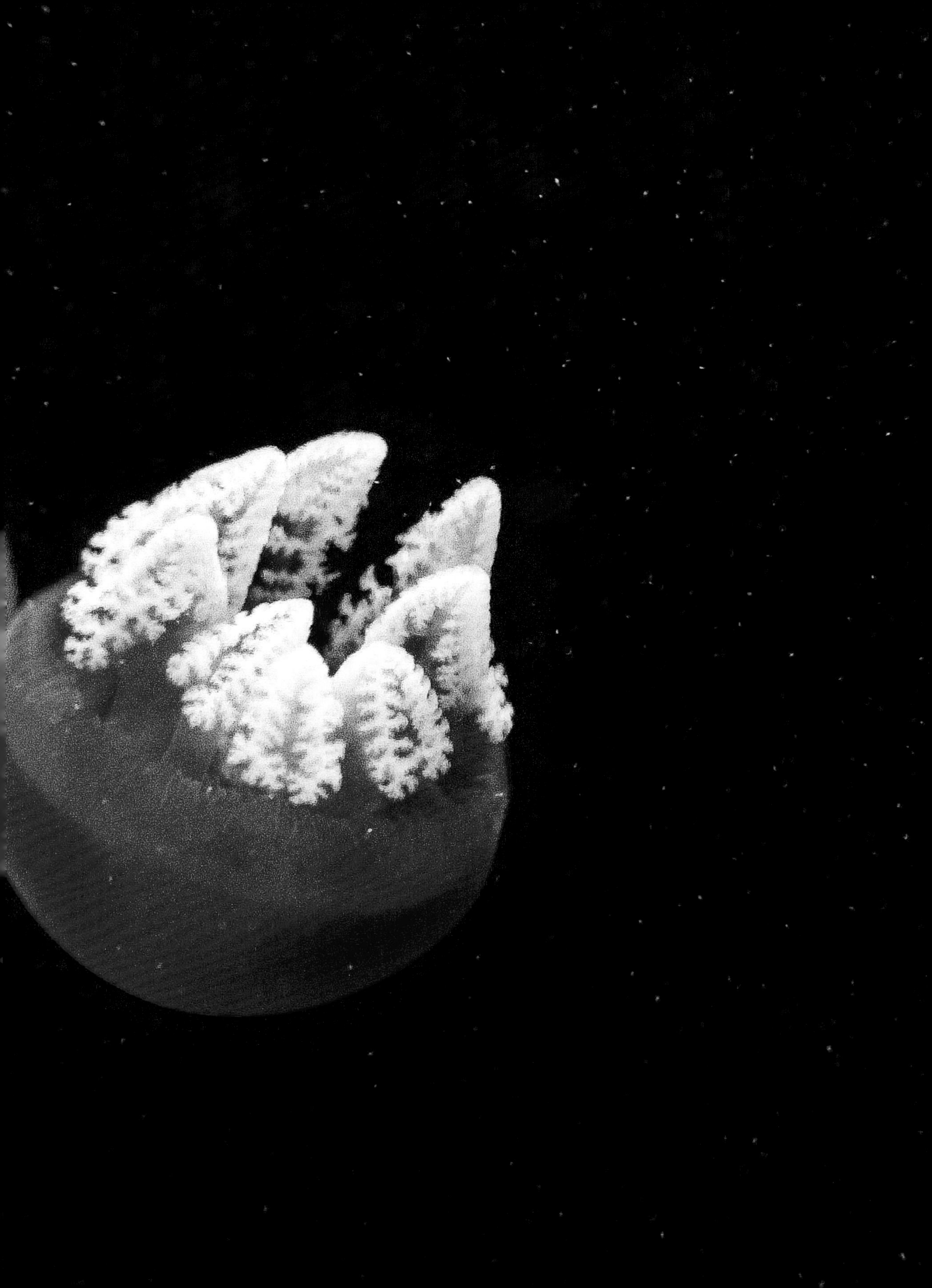

2 划时代新旗舰

见证引领数码新时代的旗舰机型！

画质旗舰 Canon EOS 5D Mark II

速度旗舰 Canon EOS 50D 强势性能进化论

2-1 画质旗舰Canon EOS **5D Mark II**

Canon EOS 5D Mark II 进化论 1 Full HD 高画质摄录像功能

Canon史上第一部可录制影片的DSLR

引领数码时代的新科技影像潮流，Canon为这部画质旗舰EOS 5D Mark II加入了短片摄录功能。EOS 5D Mark II是全球首部可以拍摄1920×1080像素（16 : 9）、30fps帧频且立体声录音的全高清画质影片的DLSR。

虽然家用级的摄录影机或是一般傻瓜相机都能录制短片，但一来解析度不见得有这么高，二来也无法更换镜头。Canon全线超过50支以上的EF镜头，从鱼眼镜、超广角镜、微距镜到长焦镜等，要拍出有如电影一样，前景主体清晰而背景模糊的戏剧效果，是轻而易举的事。

录影中还可以拍摄静态图像文件，且能持续进行自动对焦，让录影功能实用性大大增加。

EOS 5D Mark II “独创”

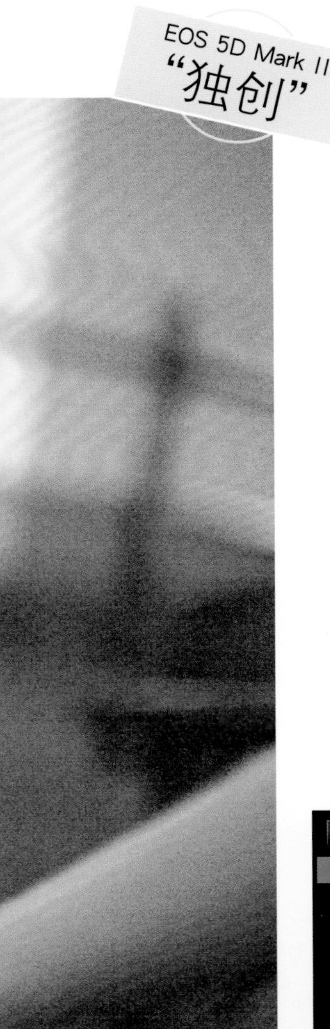

在配合原厂EF镜头群的情况下，以前拍不出来的大光圈浅景深的影片效果，用EOS 5D Mark II都可以轻易完成！模特 摄影学园 婷婷，南寮游客服务中心。

即時顯示/短片功能設定

即時顯示功能設定	◘+'▯/▯DISP.
顯示格線	關
靜音拍攝	模式1
測光定時器	16秒
自動對焦模式	即時 模式
短片記錄大小	1920x1080
錄音	開

要进入EOS 5D Mark II的短片摄录功能，请进入即时显示模式，它能录制最长29分钟59秒的连续短片。

外接麦克风端子

机身单声道麦克风

EOS 5D Mark II 设有外接式麦克风端子，以获得更高素质的立体声录制效果。如果只是简单摄录时，则可使用机身自带的单声道麦克风。

2 2110万像素全画幅CMOS传感器

释放全画幅镜头的威力，1Ds Mark III 高画质

自EOS 5D开启了全民全幅DSLR的时代之后，后继的EOS 5D Mark II更一举将像素提升到旗舰顶级的2110万像素。EOS 5D Mark II配置了135画幅的全新的CMOS图像传感器，比上一代有很多改进，像是改良的输出放大器及更先进的色彩滤镜，都能有效的提升色彩表现。

关心画质提升的人都知道，更高的像素如果没有更好的感光元件设计，很可能是提高了像素，却牺牲了画质。为此，Canon的研发工程师重新设计了感光单元结构，让像素提升到2110万之后，每个感光单元的面积还能达到6.4μm²，让充足的开口能完整的接收图像，提升图像品质。而EOS 5D Mark II也是EOS DSLR中感光度范围最广的（ISO 50–25600），不仅光线充足处得以施展，也适合在昏暗的环境下使用，让摄影师的创意有更大的发挥。

全画幅图像传感器

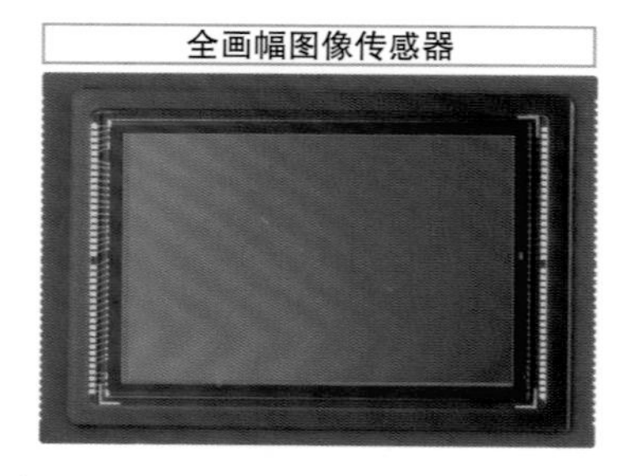

全新设计的感光单元结构，让像素即使一下提升到2110万之后，每个感光单元的面积还能达到6.4μm²，而充足的开口能接收到更多的光线，有利于图像品质。

EOS 5D Mark II的全画幅CMOS图像传感器，对于喜欢拍带广角或是带景人像的摄影者，能充分发挥广角镜的优势，解除了“焦长转换率”的魔咒，镜头能按原本设计的画幅发挥作用，更准确地控制景深效果。

至于摄影师在外拍摄作业时最担心的图像传感器入尘的问题，使用EOS 5D Mark II不用再担心，改进的EOS综合除尘系统（E.I.C.S.)，不再有前代机EOS 5D在户外拍摄入尘时，无法即时处理的困扰，也免除了很多人不敢自己清理图像传感器的问题。

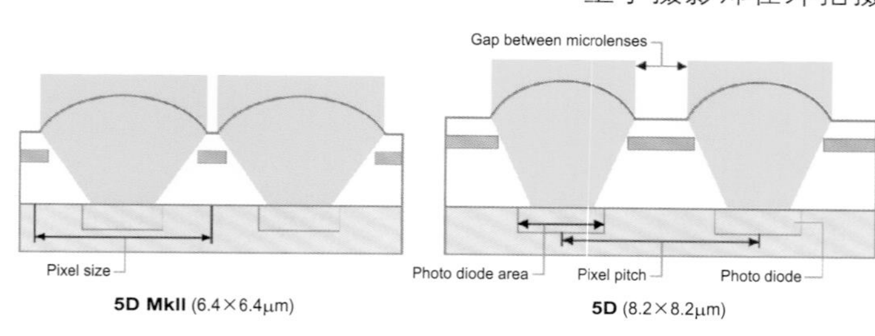

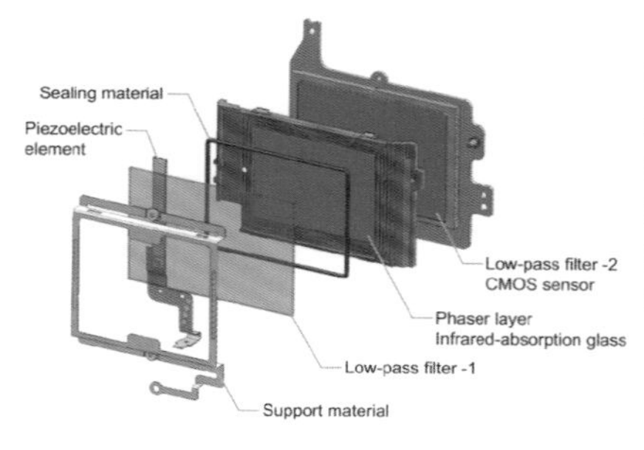

EOS 5D Mark II加入了EOS综合除尘系统（E.I.C.S.），免去了很多人不敢自己清理图像传感器的问题，或是在户外拍摄时，无法即时处理灰尘的困扰。

Canon EOS 5D Mark II 进化论 3

3英寸高解析液晶屏可自动调节亮度

强化版的实时取景模式，带来完全不同的摄影乐趣

不仅机身的图像传感器要高画质，机背上的LCD显示器也要高画质。当Live View成了摄影必要的功能之后，摄影师对于机背LCD如何能协助取得更好的构图，也有了进一步的要求。

EOS 5D Mark II和50D都配备了全新大尺寸的3英寸高解析度Clear View LCD屏，以高达92万像素的解析度（VGA级），配合更广阔的170度可视角度，让拍摄者可以从不同的角度均能看清楚画面。

更有意思的是5D Mark II机背LCD屏的亮度，可以根据不同的使用环境来自动调整。如果是在较暗环境中，机身便会自行调低亮度，以延长电池寿命，也会让观看的人眼睛更舒适；相应的，在光亮的环境中，需要高亮度才方便察看。这些EOS 5D Mark II都帮我们做到了。

使用5D Mark II或50D的Live View可以让摄影师在构图方面有更多的选择，相对的，对于机背LCD能否在不同的角度下看清取景画面，也有了进一步的要求。
拍摄信息：Canon EOS 50D，M模式，F5.6，1/30秒，EF-S 18-200mm F3.5-5.6IS，ISO320，评价式测光，相片风格：风景，日本福岛县。

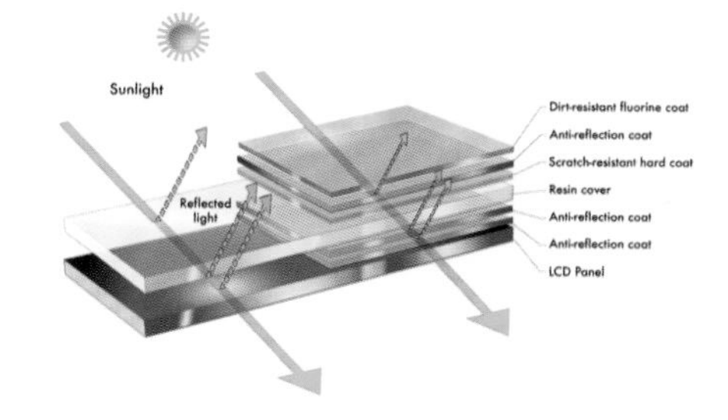

全新的ClearView LCD屏加入了多重涂层，能有效防反光及防尘防污，并提供经摄影师更大的取景角度，更易于观看的清晰图像。

强化的实时取景模式的自动对焦模式，包括“快速模式”、“即时模式”及“即时面部优先模式”。其中后者采用对比度检测原理，自动侦测多达35张面孔。

人性化操控，打造个人专属拍照风格

更有弹性的档案尺寸， 3 种RAW文件记录格式

EOS 5D Mark Ⅱ大幅的增加了更有助于拍摄设定的个人化设定选项及操控。以拍摄的RAW文件格式为例，本机就由上一代的一种RAW文件大小，增加为3种RAW文件格式（分别是RAW / sRAW1 / sRAW2）。

以不同文件大小储存RAW文件，可让拍摄者根据需求而进行更灵活的选择。标准的2110万像素RAW文件提供最高的解析度，满足大尺寸输出。而解析度为1000万像素的sRAW1文件，文件大小可减少约25%，至于520万像素的sRAW2文件大小更仅有一半。

快速操控画面，人机界面更上一层楼

EOS 5D Mark Ⅱ还配有其他有助于灵活操控的设计。新增的快速操控画面，能利用机身的多功能控制器，配合LCD屏显示的画面以调校相机的主要功能。

这样使用者就可以通过在机背上的3英寸LCD上的各项显示信息，快速的了解相机目前的各项设定情况，也可利用这个界面来改变各项设定值，而不必挤在机顶上那个小小的信息显示屏了。

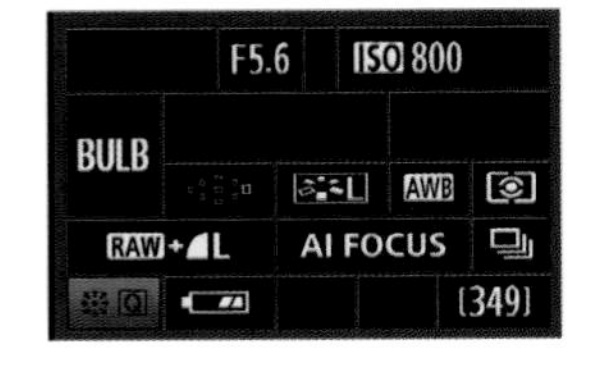

拍摄信息：Canon EOS 5D Mark Ⅱ，M模式 F5.6，1/125秒，EF 24-70mm F2.8L USM，ISO1600，评价式测光，相片风格：人像，新人：仲凯 · 淑晔，板桥。根据拍摄题材及用途的不同，拍摄者可以选择不同的RAW文件大小来拍摄，以婚纱摄影来说，拍摄婚纱照可以选择最大尺寸，以利大尺寸照片输出，而婚礼记录则可以选择sRAW即可。

拍摄信息：Canon EOS 5D Mark II，A模式，F8，1/160秒，EF 85mm F1.8 USM，ISO200，评价式测光，+0.3EV，相片风格：人像，模特摄影学园 婷婷，新竹南寮。

新增创意自动模式（CA Mode）帮助初学者

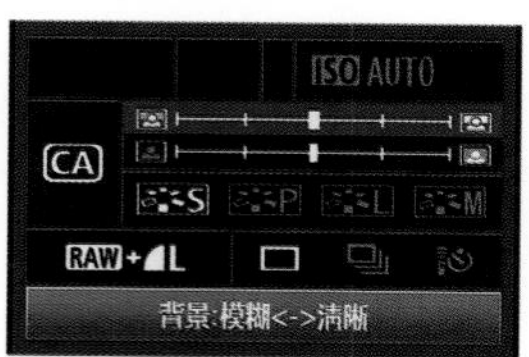

对希望能发挥更多创意进行拍摄的初学摄影爱好者，相机的全自动模式虽然简单易用，有助于解决初学时的困扰，但拍了一段时间后可能就无法满足更进一步的需求了。

因此，EOS 5D Mark II增加了创意自动模式（CA Mode），让初学者不用去记忆晦涩难懂的专有名词，也可以用浅显直接的方式调校光圈或快门，体验各样进阶拍摄效果如“背景：模糊－清晰”或“曝光：较暗－较亮”等。

2-2 速度旗舰 Canon EOS 50D

Canon EOS 50D 进化论 1

新一代DIGIC 4高性能图像处理器读写速度提升1.3倍

体验极速快感！每秒6.3张高速连拍

Canon自行研发的第4代图像处理器DIGIC 4配合EOS 50D首次亮相，它的数据运算速度比上一代DIGIC 3大幅提升了30%！让高达1510万像素的EOS 50D还能进行最快每秒约6.3张的高速连拍。

使用兼容UDMA标准的高速CF存储卡，可实现高速的资料传输，以最大像素最高画质（大/优JPEG）设定时，可以连续拍摄约90张画面。使用不兼容UDMA标准的一般CF存储卡，大/优JPEG照片一次可以连续拍摄约60张。如果拍摄RAW文件，则一次连拍都是约16张。

除了连拍速度及连拍数量之外，要能准确的捕捉动态的拍摄主体，对焦的性能也是重要因素。EOS 50D不仅承袭了EOS 40D的9点十字对焦系统，更加入了以往在顶级1Ds系列才有的自动对焦微调功能（AF Micro adjustment），拍摄者可以对镜头进行对焦调整。

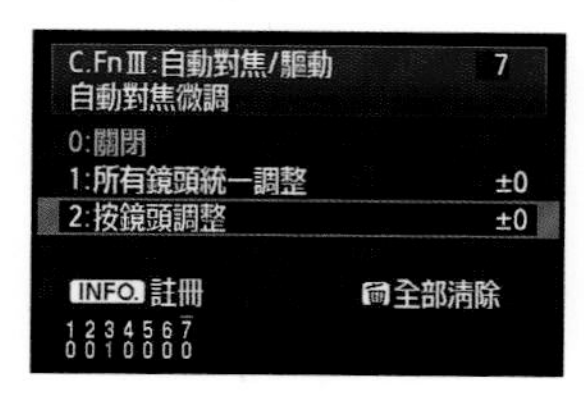

自动对焦微调

Canon EOS 50D拥有和1Ds系列一样的顶级功能，用户可以自行对镜头进行对焦调整，这种自动对焦微调功能（AF Micro adjustment），可以免除不同镜头的准焦疑虑。EOS 5D Mark II也有此功能。

拍摄信息：Canon EOS 50D，M模式，F2.8，1/3200秒，EF 24-105mm F4L IS USM ISO400，评价式测光，相片风格：风景，松山机场。

2　1510万像素CMOS图像传感器

APS-C像素新指标，ISO 12800超高感光度

EOS 40D 1010万像素
EOS 50D 1510万像素

拍摄信息：Canon EOS 50D，P模式，F9，1/40秒，EF-S 18-200mm F3.5-5.6 IS，ISO400，评价式测光，-0.7EV，相片风格：风景，日本里磐梯。

速度旗舰不因速度而减少了解析度上的要求，EOS 50D配备了Canon自行研发及生产的全新1510万像素CMOS图像传感器，是目前市面上同级机型APS-C画幅中最高解析度的机型，更高的解析度适合大尺寸打印输出。

此外图像传感器采用无缝隙微透镜设计和全新改良的感光二极管，配合全新的生产程序，开口率更大，提高感测器的聚光能力，这使得同样面积的图像传感器，能容纳更高密度像素，并保证图像素质及低噪点，提供了由ISO 100至ISO 12800的超高感光范围。

此外，第四代的图像处理器DIGIC4，RAW文件格式像EOS 5D Mark Ⅱ一样，可以根据拍摄用途由使用者分别选择：标准RAW、sRAW1和sRAW2三种解析度。

在越来越重视高ISO拍摄的时代，EOS 50D提供了由ISO 100至ISO 12800的超高感光范围，可满足低光源下的创作所需。图为婚宴摄影师运用新娘休息室微弱的灯光为新娘拍摄的照片。

拍摄信息：Canon EOS 50D，M模式F2，1/250秒，EF 50mm F1.4 USM，ISO1600，评价式测光，相片风格：人像，新娘：淑晔，板桥。

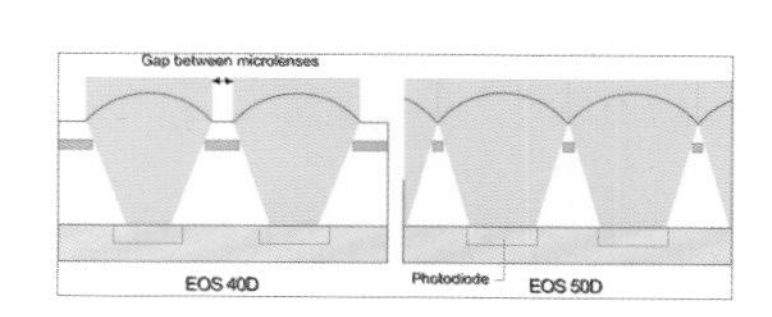

EOS 50D的1510万像素CMOS图像传感器，采用无缝隙微透镜设计和全新改良的感光二极管，配合全新的生产程序，开口率更大，提高传感器的聚光能力，让画质不因像素提高而减损。

新增图像优化功能 发挥数码优势

周边亮度校正、自动亮度优化：画质再升级

以往那些想要精准控制成像的资深摄影师，常会选择用RAW格式拍摄，之后再用电脑上的图像软件进行后期制作来处理作品。虽然能由拍摄者完全掌控，但在效率上就显得较差了。

EOS 50D在图像优化方面提供更多更强的功能，可以通过各项设定，在拍摄的同时就取得优质的图像。以新加入的“镜头周边亮度自动修正功能”（Peripheral Illumination Correction）来说，即使是拍摄JPEG文件，相机可以通过本功能自动修正照片四周光量不足的问题，让画面的亮度均匀。

另外对于逆光拍摄人物时常造成的黑脸问题，旧的做法都是通过闪光灯补光，但是要让闪光灯光自然又不是那么容易，此时EOS 50D的“自动亮度优化功能”（Auto Lighting Optimizer）便能派上用场。本功能设有3种不同的修正强度，通过相机高智能的图像分析，便可自动调整画面中的亮度反差。

而在上一代EOS 40D就颇受好评的“高光优先”模式（Highlight Tone Priority），EOS 50D自然保留下来，对于表现浅色的主体（如白纱）的细节，会有很好的帮助。

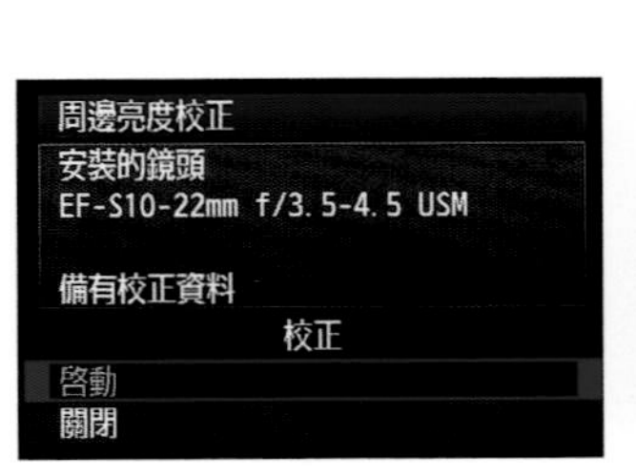

未修正周边亮度

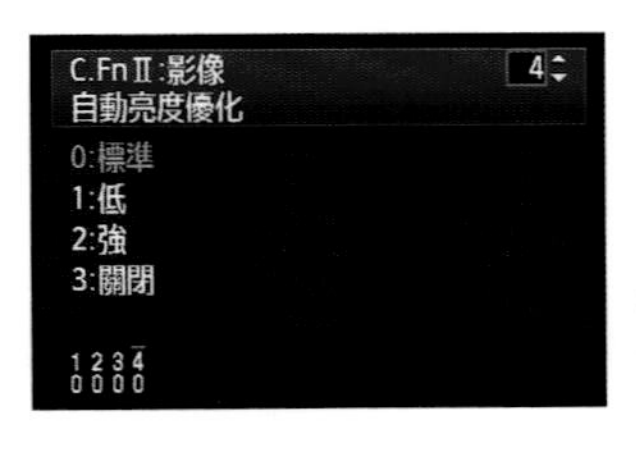

自动亮度优化

自动亮度优化功能可以用来处理逆光的拍摄环境，在不用外闪补光的情况下，利用相机内部3种不同的修正强度，便可不用外在补光，轻松拍出明亮的主体。

拍摄信息：Canon EOS 50D，M模式 F5.6，1/30秒，EF-S 18-200mm F3.5-5.6 IS，ISO100，评价式测光，相片风格：风景，日本岚山。

关闭

设定为优化

拍摄信息：Canon EOS 5D Mark II，F3.5，1/1600秒，ISO100。

4 机身坚固结实 加强防尘防水功能

专业用户上山下海的最佳战友

对于爱好运动摄影及风景摄影的资深摄影师来说，除了对画质的要求之外，能在任何时间提供最稳定的系统，才是他们关心的重点。一部能上山下海不必担心的机器，当接近水边拍摄时可以专注构图及光影，而不必担心机器，就是最佳的摄影伙伴。

拍摄信息：Canon EOS 50D，A模式，F8，1/125秒，EF-S 18-200mm F3.5-5.6 IS，ISO400，评价式测光，相片风格：风景，日本福岛县。

作为一部速度旗舰机型，不仅要有快速的反应，坚固并且值得信赖的机身结构也是专业用户十分重视的。EOS 50D机身选用了轻巧坚固的镁合金材料，重量仅730克。而在快门结构方面，采用了先进的电磁快门，可靠耐用，使用寿命达10万次。

高强度合金机身

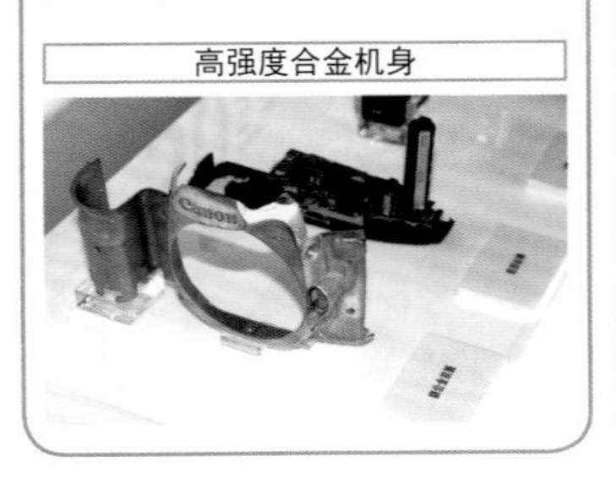

为了满足户外摄影用户的需要，能在户外各种天气下自由的从事拍摄活动。EOS 50D对于防尘防水的设计又有多项改进。其中针对比较容易遭受潮气攻击的电池仓和CF存储卡插槽，多了增强密封处理，可以应付天气多变的户外拍摄环境，提供更高的信赖感。

强化防水设计的CF卡插槽

在高速运作之下，运动型的机型入尘的几率是高于低速机型的。避免入尘影响画质，EOS 50D具有强大的CMOS除尘功能，EOS综合除尘系统可以抑制灰尘产生和积淀，提供有效清除灰尘的多重防护。

具备除尘功能的图像传感器单元

3

24小时掌握旗舰机型

决战24小时！
用最短时间、最快速度，
掌握数码新时代的旗舰机型！

外观解说

基本功！2小时修炼！ 搞懂你的EOS 5D Mark II/EOS 50D

从头到脚的详细介绍，不错过任何一个细节！

进度2/24

Canon EOS **50D**

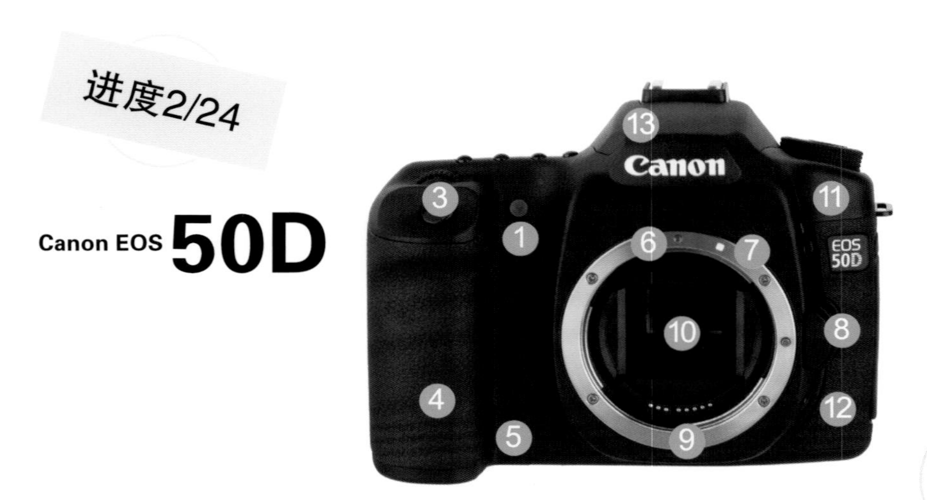

正面

Canon EOS **5D Mark II**

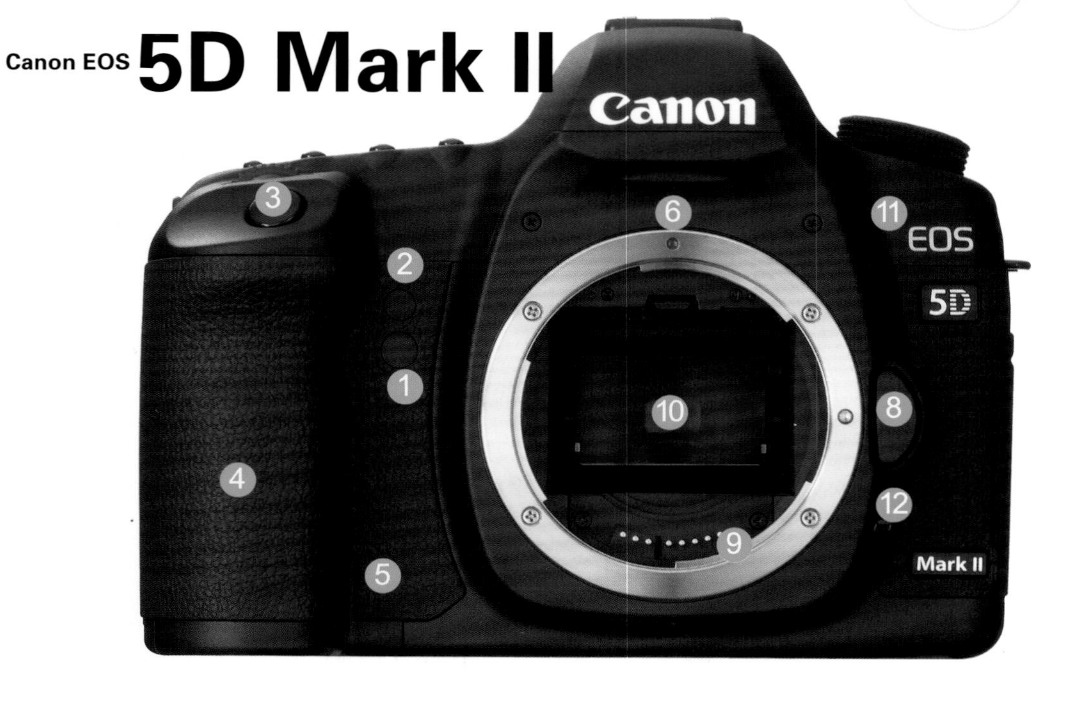

①自拍指示灯

使用自拍器时会随着倒数闪亮以警示时间。而EOS 50D则兼作为红眼减轻用，当启动防红眼闪光灯时会闪亮。

② 遥控接收器

EOS 5D Mark II可以使用原厂的RC-1或RC-5遥控器进行遥控拍摄。（EOS 50D无此装置）

③ 快门按键

快门按键分两段设计，半按时可进行自动对焦和测光，保持半按状态可以锁定AF和AE，全部按下可以进行拍摄。

④ 手柄（电池盒）

5D Mark II使用的电池为LP-E6，与5D/50D的BP511A不同，在同样的体积之下，容量高达1800 mA · h。

⑤ DC直流电源线拉出处

可选配直流电变压器组ACK-E6，5D/50D 则是使用ACK-E2。

⑥ EF系列镜头安装对准点

EF镜头同时适用EOS 5D Mark II（全画幅）及EOS 50D（APS-C画幅机型）。将镜头的红点对准机身上的红点，然后顺时针方向将镜头完全安装上去。

⑦ EF-S系列镜头安装对准点

（仅APS-C画幅机型适用）

EF-S镜头只可以使用在APS-C画幅机型（如EOS 50D）上，将镜头的白点对准机身上的白点，然后顺时针方向将镜头完全安装上去。

⑧ 镜头释放按键

按下后可以将镜头旋转，以便取下。

⑨ 镜头卡口

安装镜头时，务必听到“喀”的一声，才表示已经锁住。

⑩ 反光板

单反相机是借助反光板的反射，使我们可以从取景窗中取景拍摄。半透的反光板将大部分图像向上反射到五棱镜中，使用者得以看到图像；另一部分的图像则是透过反光板中间半透明的特殊构造，进入相机的自动对焦机构，让相机能借此判断焦距，进行对焦的工作。

如果我们要清洁CCD，必须进入菜单内设定，将反光板抬起后，才能进行。

⑪ 麦克风

拍摄短片时，由此收音，属于单声道麦克风。如果要录制立体声，可安装另外的端子来进行立体声录音。（EOS 5D Mark II特有）

⑫ 景深预览按键

想要预先了解拍摄照片的景深状况，可以按下本键，机身便会将镜头的光圈缩到你设定的大小，此时如果我们从取景窗看出去，画面也许会变暗，但可以看到景深的大致情况，这个功能在微距拍摄时特别有用。

⑬ 内置闪光灯 / AF辅助光

（仅EOS 50D）

按下位于内置闪光灯一侧的闪光灯启动按键，便可以将内置闪光灯弹起，进入闪光灯的待命状态，让闪光灯来照明被摄体。内置闪光灯也用来在光线不足的地方辅助对焦。

背面

⑭ 取景窗

EOS 5D Mark II的取景窗视野率为98%，比5D的96% 大些，有利取得更精确的构图。

⑮ 菜单键

叫出菜单以调整相机设定。

⑯ 照片打印 / 文件传输 / 实时显示拍摄

Print/Share键包含简易打印功能及直接传输影像功能。用随机附带的USB线连接机身和电脑后，利用此键可以传输文件至电脑。

简易照片打印功能，则先将机身连接到支持PictBridge的照片打印机，从回放画面上选择图像，接着查看打印照片的设定，在按下Print/Share键后便可开始打印照片。

按下本按键时实时显示图像将会出现在液晶显示器上。再次按下按钮关闭液晶显示器并返回一般拍摄。

17 照片风格设定键

独立的照片风格键，让摄影者可以快速的切换。详解请见P40。

18 INFO键

在拍摄状态下按此按键，将陆续出现两种显示方式，让摄影者可以掌握详细的相机设定状态。

19 回放键

详解请见P36。

20 删除键

删除目前的照片或是所有的照片。

21 环境亮度感应器 New

EOS 5D Mark II 通过这个环境亮度感应器，了解目前使用者观看机背LCD的环境，借以自动调整LCD的背光亮度，让照片的观看更舒适！

22 电源开关 / 机背指令盘开关

开启让机背指令盘可以进行操作，关闭则锁住机背指令盘。

23 机背指令盘

可以多功能调整数值，例如在光圈优先时可调整光圈值，在快门优先时可以调整快门速度；完成对焦后，利用它可以进行曝光补偿调整。

24 设定键

菜单操作时可以进行确认用。

25 资料处理指示灯

存储卡在储存或读取时，会亮灯警示。

26 多功能处理器

进行对焦点选择时，可以用来切换对焦点；操作菜单时，可以进行上下左右的选择。

27 扬声器 New

播放拍摄的短片时，会由此播出短片的声音。(仅EOS 5D Mark II)

28 屈光度调整旋钮

旋转该钮，可以调节取景窗的屈光度，当摄影者有近视或远视时可以适度的调整。

29 AF启动键

可以启动自动对焦，在即时显示启动时，可以在按下AF启动键后，先暂停即时显示进行AF，待对焦完成后继续启动即时预览。

30 曝光锁定 / 闪光灯锁定 / 缩小键

在拍摄状态下，可以对曝光值和闪光灯测光值进行锁定，不受到重新构图、重新按下快门的影响。在播放照片时，可以索引显示，例如一次显示9张照片。在放大浏览照片时，可以缩小放大比率。

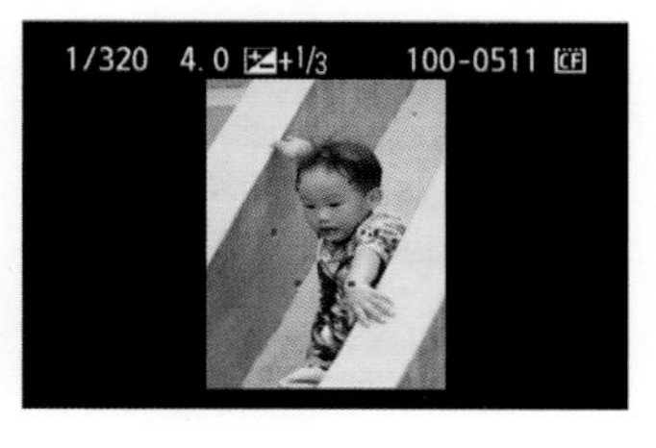

31 对焦点选择 / 放大键

在拍摄状态下，可以进行对焦点的移动设定。在播放照片时，可以将照片逐步的放大浏览。

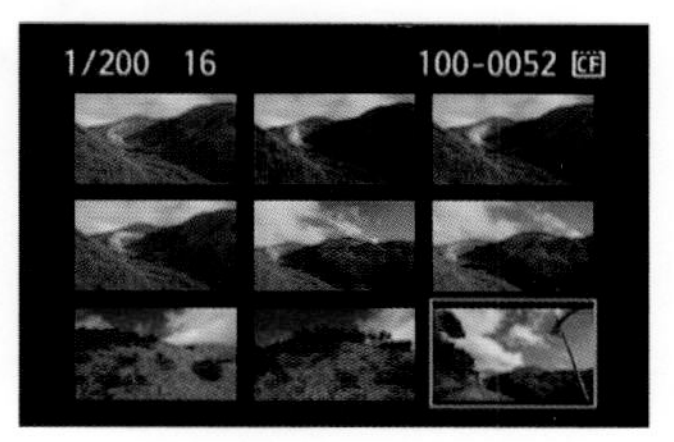

32 液晶屏

EOS 5D Mark II的屏幕不仅由2.5英寸提升到3英寸，像素也一举由23万提升到92万，也可设定随环境自动调节亮度。

33 功能键（EOS 50D独有）New

使用者可以设定本键的功能以进行下列的某一种操作：
液晶显示器的亮度、拍摄画质、曝光补偿/自动包围曝光设置、浏览照片大量前进或后退、即时显示功能设置。

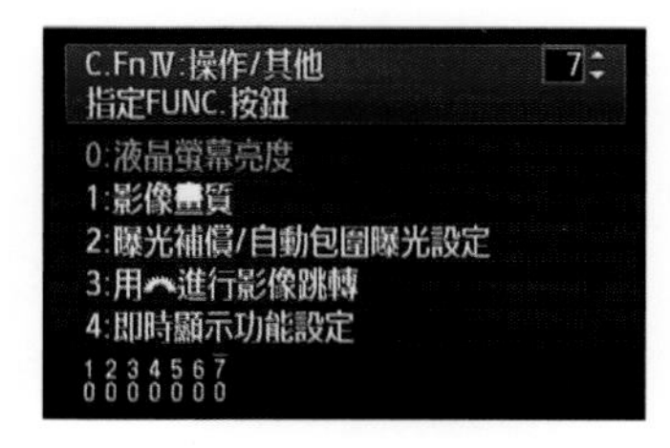

上面

Canon EOS **5D Mark II**

34 测光模式 / 白平衡键

以主控制转盘调整测光模式，以机背指令盘调整白平衡模式。

35 AF模式 / 驱动模式键

以主控制转盘调整AF模式，以机背指令盘调整驱动模式。

36 ISO调整 / 闪光灯曝光补偿键

以主控制转盘调整ISO值，以机背指令盘调整闪灯曝光补偿。

37 照明键

让机顶液晶屏幕亮起背光灯，方便在黑暗中操作及看清楚拍摄信息。

38 主控制转盘

可以多功能调整数值，例如在光圈优先时可调整光圈值，在快门优先时可以调整快门速度。

39 背带环

40 拍摄模式转盘

EOS 5D Mark II比5D新增了C1/C2/C3三个用户设定模式，及创造性自动模式（CA）。

EOS 50D的进阶模式包括：程式（P）、光圈优先（Av）、快门优先（Tv）、手动曝光（M）和自动景深模式（A-DEP），另外还有图像化拍摄模式包括：全自动（绿框）、肖像、风景、微距、运动、夜间人像和闪光灯关闭。

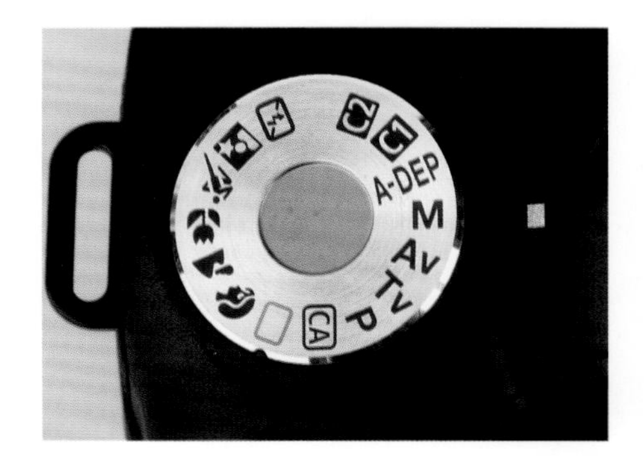

41 热靴

热靴又称为配件插座，它最主要的用途是用来装置外接闪光灯，像原厂顶级的580EX II、中端的430EX II等，也可用来安装各种特殊配件。

42 焦平面标记

CMOS感光元件位置表示。

43 机顶信息显示屏

44 内置闪光灯启动键（仅EOS 50D）

45 扩展系统端子

连接无线传输组件WFT-E4/WFT-E4A（EOS 50D是搭配WFT-E3 / WFT-E3A）。

46 三脚架接口

47 电池仓

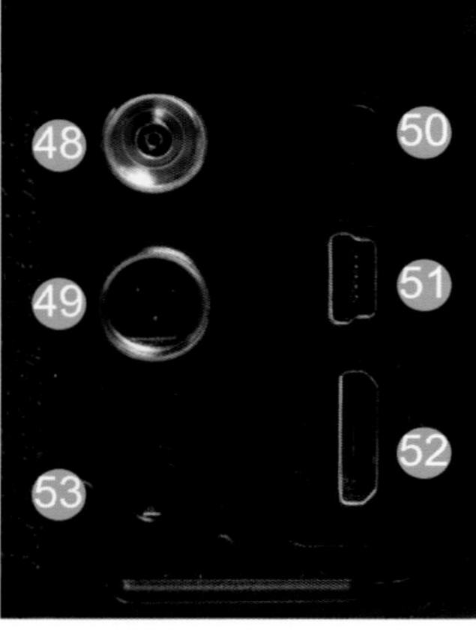

48 **闪光灯同步PC接点**

49 **电子快门线接点**

50 **普通AV视频输出**

51 **USB传输连接埠**

52 **HDMI高画质视频输出**

53 **外接立体声麦克风接点** New

（仅EOS 5D Mark II）

机顶信息显示屏 (EOS 50D)

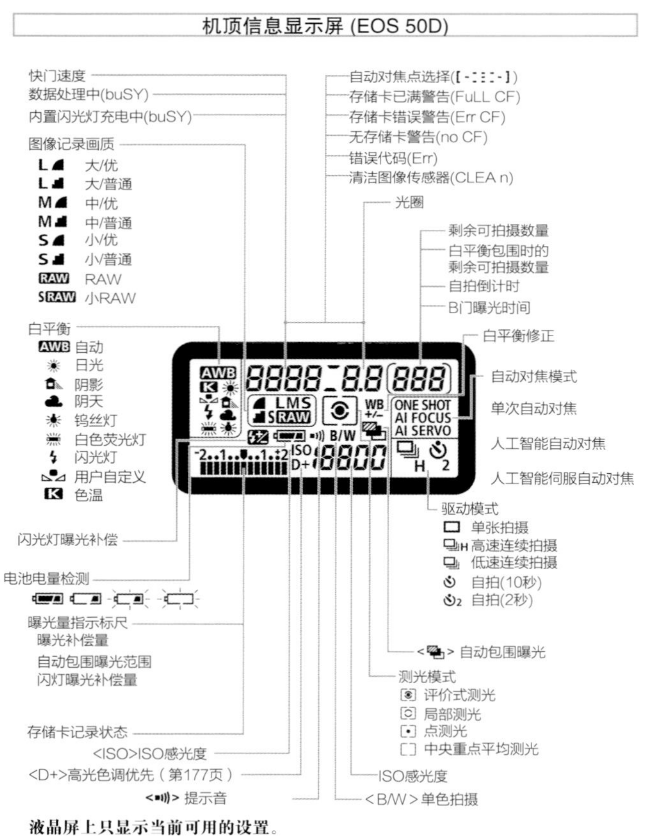

液晶屏上只显示当前可用的设置。

取景窗信息 (EOS 50D)

自动对焦点(叠加显示)

对焦屏

点测光圈

<ISO> ISO感光度

白平衡校正

<●> 合焦确认指示灯

最大连续拍摄数量

<B/W> 单色拍摄

ISO感光度

<D+>高光色调优先

曝光量指示标尺
曝光补偿量
闪光灯曝光补偿量
自动包围曝光范围
防红眼指示灯开启标志

<✱> 自动曝光锁/自动包围曝光进行中

<ϟ> 闪光灯准备就绪
错误闪光曝光锁警告

<ϟH> 高速同步（FP闪灯）

<ϟ✱> 闪光灯曝光锁/闪光灯包围曝光进行中

闪光灯曝光补偿

快门速度
闪光灯曝光锁(FEL)
数据处理中(buSY)
内置闪光灯充电中(ϟ buSY)

存储卡已满警告 (FuLL CF)
存储卡错误警告 (Err CF)
无存储卡警告 (no CF)

光圈

取景窗上只显示当前可用的设置。

EOS 5D Mark II / EOS 50D 自定义功能全列表

EOS 5D Mark II和EOS 50D的自定义功能大同小异，读者可以针对自己比较常用的项目，进入自定义功能菜单设定，如没有特别需求，保持原始设定即可。

项次	项目	预设值	调整值	说明
			C.Fn I 曝光	
1	曝光等级增量	1/3级	1/2级	一般状况下，1/3的设定较为细致
2	ISO感光度设定增量	1/3级	1级	一般状况下，1/3的设定较为细致，若要加快切换ISO的速度，可以调为一级
3	ISO感光度扩展	关闭	开启	当要运用到扩展的ISO时，要开启
4	包围曝光自动取消	开启	关闭	不经常使用包围曝光者，可以设定为关闭
5	包围曝光顺序	正常、不足、过度	不足、正常、过度	仅变更拍摄的明暗顺序，对拍摄效果不影响
6	安全偏移	关闭	启动	新手可以设定为启动，一般状况建议关闭
7	光圈优先下的闪光同步速度	自动	1/200秒-1/60秒（新增）、固定1/200秒	设为自动时，在昏暗环境中容易手抖，一般使用者可以设为“1/200秒-1/60秒”
			C.Fn II 图像	
1	长时间曝光降噪功能	关闭	自动、开启	平时建议关闭。开启后，降噪过程可能与曝光时间相同。降噪过程完成后才可以拍摄下一张相片
2	高ISO感光度降噪功能	标准	弱、强、关闭	平时建议使用标准即可，如设定为（2），连续拍摄时的最大连续拍摄数量将会降低
3	高光色调优先	关闭	启动	提高高光细节。从标准的18%灰度到明亮的高光的动态范围得以扩展 灰度及高光之间的渐变会更加平滑 使用设定1，阴影区域的噪点可能较平时稍多
4	自动亮度优化（新增）	标准	弱、强、关闭	如图像暗淡或对比度低，亮度及对比度会自动校正。根据需要变更设定 对于RAW图像，使用Digital Photo Professional (随机软件) 处理时可以应用在相机中设定的内容
			C.Fn III 自动对焦 / 驱动	
1	不能进行自动对焦时的镜头驱动	对焦搜索开启	关闭	关闭时，防止相机再次对焦时脱焦。对于防止使用长焦镜头时严重脱焦非常有效
2	镜头自动对焦停止按钮功能	停止自动对焦	开始自动对焦、自动曝光锁、AF点、ONE SHOT或AI SERVO、启动IS	详本书P33
3	自动对焦点的选择方法	常规	多功能处理器、速控转盘直接选择	详本书P33
4	叠加显示	开启	关闭	成功对焦后，取景窗中的自动对焦点不会闪烁红色。建议在不想看到自动对焦点点亮时使用。当您选择自动对焦点时，自动对焦点仍会亮起
5	自动对焦辅助光闪光	启动	关闭、只有外接闪光灯发射	如果EOS专用外接闪光灯的[自动对焦辅助光闪光]自定义功能设为[关闭]，即使相机设定了C.Fn III-5-0/2，闪光灯也不会发射自动对焦辅助光
6	反光镜预升	关闭	启动	
7	自动对焦微调	关闭	所有镜头统一调整、按镜头调整	按镜头调整： 可以单独对个别镜头进行调整。最多可以在相机中注册20个镜头的调整量 如果已注册20个镜头的调整量而想注册其它镜头的调整量，必须覆盖或删除某个调整量的镜头

续表

项次	项目	预设值	调整值	说明
C.Fn IV 操作/其他				
1	快门按键／自动对焦启动按键	测光＋自动对焦启动	测光＋自动对焦启动／停止、测光启动／测光＋自动对焦启动、自动曝光锁／测光＋自动对焦启动、测光＋自动对焦启动／关闭	测光启动/测光＋自动对焦启动：适合对焦持续运动及静止的主体。在人工智能伺服自动对焦模式中，您可以按下<AF-ON>按钮启动或停止人工智能伺服自动对焦操作。曝光参数在照片拍摄瞬间设定。这样能为关键瞬间准备好最佳的对焦及曝光 自动曝光锁/测光＋自动对焦启动：想要对照片不同部分对焦及测光时非常有效。按下<AF-ON>按钮进行测光及自动对焦，半按快门获得自动曝光锁定
2	自动对焦启动／自动曝光锁按钮切换	关闭	启动	
3	拍摄时SET键功能	普通（关闭）	变更画质、相片风格、显示菜单、重播图像、速控菜单、录像(5D II)	可以根据个人操作习惯来设定，增加操作上的便利性及切换速度
4	Tv/Av设定时的转盘方向	一般	反向	可以根据个人操作习惯来设定
5	对焦屏	Ef-A	Ef-D、Ef-S	更换不同对焦屏时需设定
6	加入原始校验数据	关闭	开启	需配合专用软件
7 (50D特有)	分配FUNC.按钮	液晶屏幕亮度	图像画质、曝光补偿/自动包围曝光设定、用前转盘进行图像跳转、实时显示功能设定	可以根据个人操作习惯来设定，增加操作上的便利性及切换速度

拍摄信息：Canon EOS 5D Mark II，Av模式，F5.6 1/30秒，100mm，ISO100，评价式测光 +0.3EV，相片风格：人像，模特：王若水，摄影：王俊会。

4-1 对焦点及对焦模式的攻略要领

进阶功力！3小时修炼！

发挥9点+6点AF传感器，更快、狠、准！

Canon EOS 5D Mark II独享

画质旗舰机型Canon EOS 5D Mark II搭载了特殊高速高精度的9个自动对焦点＋6个辅助对焦点系统。所谓9+6是指9个在取景窗内有对焦点指示的对焦点，以及6个隐藏的未标示在对焦屏上的辅助对焦点，这6个隐藏对焦点在切换至“连续追焦”（AI SERVO），并设定由机身自动选择焦点时，会自动启动，以提高追踪对焦的速度及准确度。

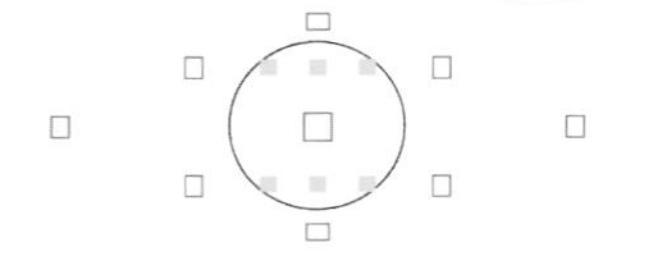

进阶高手必要技巧–使用者自定义对焦点

Canon EOS 5D Mark II、EOS 50D共享

在没有特别设定的情况下，相机会自行选择适当的对焦点，以进行自动对焦，这适用于街头速写或是纪录性质的拍摄。但若要完全由使用者准确的控制，我们会建议你根据构图的需要来选择对焦点。不过在全自动及CA模式下，是无法由使用者自行选择对焦点的。

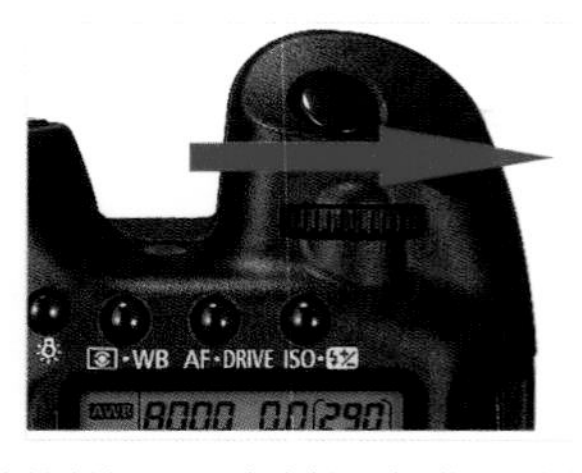

对焦点选择：在不改变自定义功能的前提下，请先按下机背的对焦点选择键，然后旋转主控制转盘来切换对焦点。

秘技！更快的对焦点选择切换

Canon EOS 5D Mark II、EOS 50D共享

一般的状况下要切换对焦点时，要先按一下拇指区的对焦点选择键，再转动命令转盘或是机背的多功能处理器，配合个人风格设定C.FnIII–3（设定：1）。现在可以直接用机背的多功能处理器指向所要的对焦点，压按多功能处理器则回到中央对焦点，切换更快速！

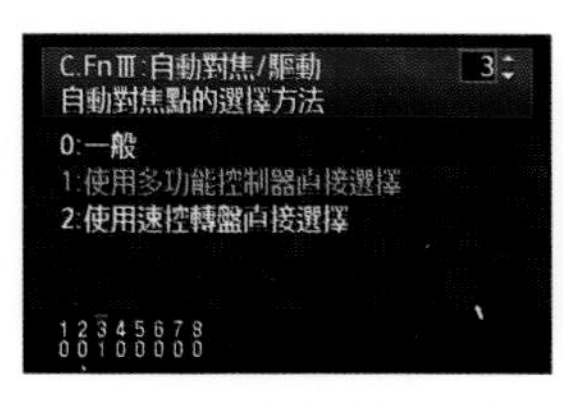

最好用的对焦点选择，就是将自选功能C.FnIII–3设定为：1，则可以直接利用多功能处理器，八方向去做对焦点的切换。

由拍摄者手动切换对焦点，可以更准确的让拍摄者掌握到精准的构图。

拍摄信息：Canon EOS 5D Mark II，Av模式，F2.8 1/3200秒，EF 85mm F1.8 USM，ISO400，评价式测光，相片风格：人像，摄影家手札特约 模特 精灵，台北公馆。

自动对焦模式攻略
三种自动对焦模式的选择要领

Canon EOS 5D Mark Ⅱ、EOS 50D共享

如何切换对焦模式

要切换AF模式，请按下机顶的“AF · DRIVE”键，并用主控制转盘切换：ONE SHOT、AI SERVO或AI FOCUS。深入了解这三种自动对焦模式的设定概念，才能正确的使用，发挥最精准的AF效果。

如何切换对焦模式？按下机顶的对焦模式切换键（1），再转动主控制转盘即可（2）。调整AF模式时，机顶的信息显示屏会同步显示。

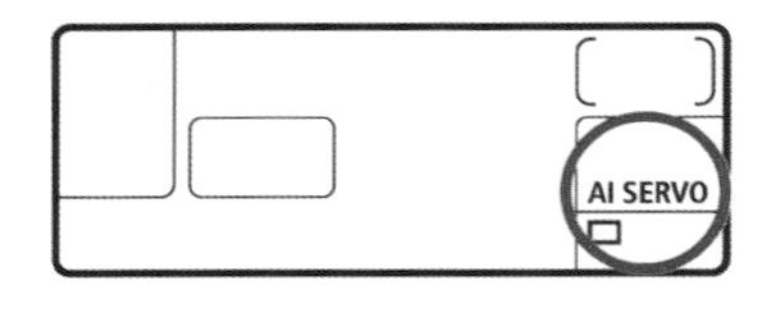

对焦完成指示灯

三种自动对焦模式的运用时机

ONE SHOT 单张AF

ONE SHOT是最常使用的对焦模式，适用于一般拍摄状态，被摄主体处于静止情况，例如风景、人像、建筑等拍摄主体。使用者半按快门，相机完成对焦时，会发出“哔哔”声响，同时在取景窗内会看到准焦的提示（绿灯亮起），焦点不会再变动。

AI SERVO 人工智能伺服AF

人工智能伺服AF（AI SERVO）用来拍摄移动的物体，例如：飞鸟、赛车等，相机会根据所选择的对焦点，持续的进行对焦，此时的对焦是连续动作的，所以没有所谓的锁定焦距，对焦完成也不会有“哔哔”声。

AI FOCUS 人工智能AF

人工智能AF（AI FOCUS）模式会根据被摄物体的动态，自动切换单张AF或连续AF。适用于拍摄时主体静止，但不确定何时会开始移动的情况，例如：儿童、宠物等。

AI FOCUS实例

宠物及儿童都是很难拍摄的题材，如果是很安静的静止状态使用ONE SHOT单张AF即可。在此我们以AI FOCUS拍摄宠物，可以免除AF脱焦或反复搜焦的动作，增加连续拍摄时的成功率，一旦主体开始走动，相机也能转为追踪对焦的状态。

拍摄信息：Canon EOS 5D Mark II，Av模式，F4，1/800秒，EF 70-200mm F4L USM， ISO400，评价式测光，相片风格：标准，台北。

自动对焦模式攻略–进阶的对焦模式设定

Canon EOS 5D Mark II、EOS 50D共享

自动对焦的个人风格设定

Canon EOS 5D Mark II与EOS 50D都有相当先进的自动对焦性能。除了前页介绍的三种对焦模式之外，机身内还有多项与自动对焦相关的设定，可以“订制”一部属于你的DSLR，请跟我们一起进入菜单，按照你的拍摄习惯来调校各项设定吧。

C.Fn III-1

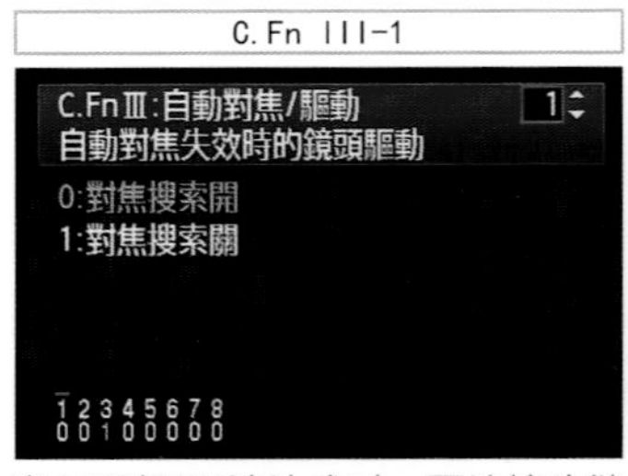

当AF测距无法达成时，要让镜头继续进行搜寻对焦动作或停止。当使用长焦镜头时，为了避免主体一离开对焦点就大幅度的前后寻焦，可以改成设定：1。

C.Fn III-2

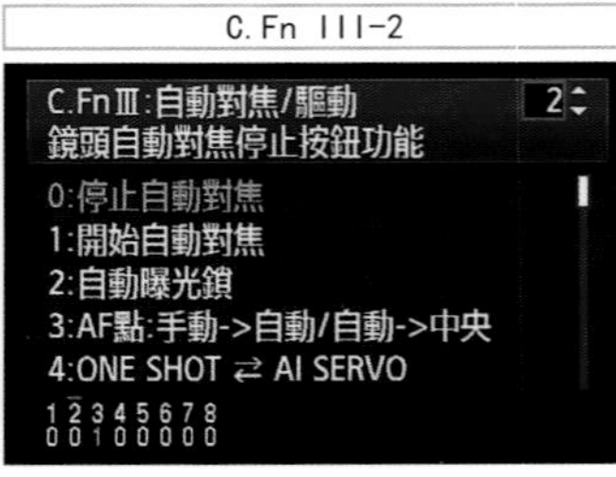

某些长焦大炮镜头上面，有所谓镜头自动对焦停止按键，在此可以调整其功能。预设值是按下后停止自动对焦。

C.Fn III-3

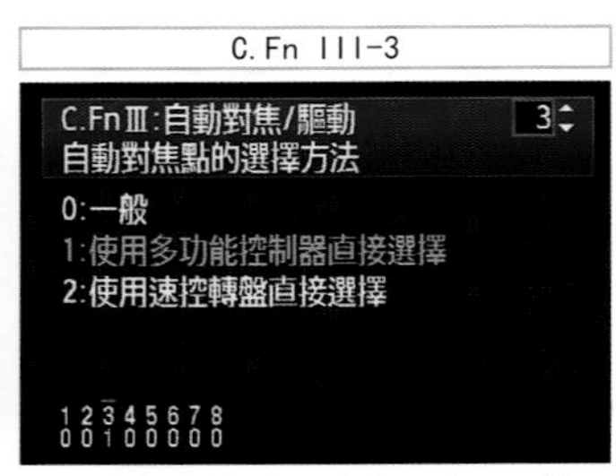

建议读者将此选项改为设定1：使用多功能处理器直接选择对焦点，这样的操控性最好。

C.Fn III-4

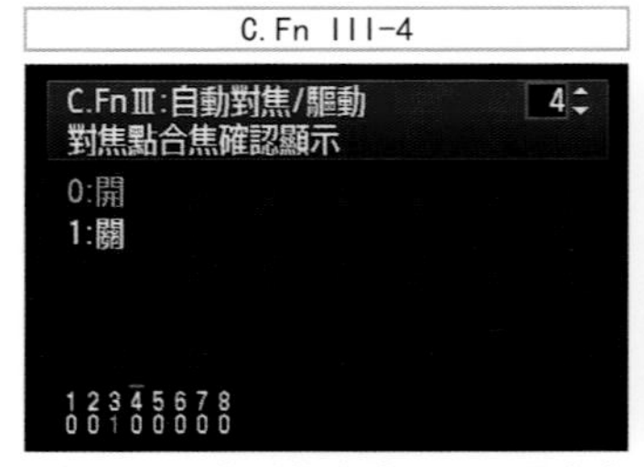

叠加显示：在对焦完成后，取景窗中可以看到红色框，表示完成对焦位置。建议设定在预设值就好。

C.Fn III-5

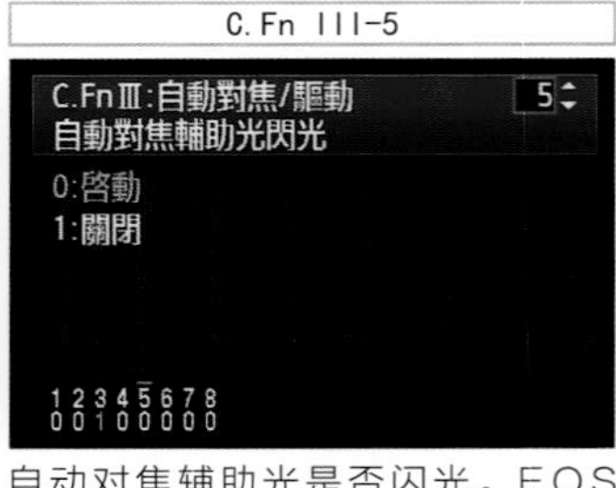

自动对焦辅助光是否闪光。EOS 50D用内置闪光灯进行自动对焦辅助光，而EOS 5D Mark II则必须装上外闪才会有对焦辅助光，当在不适合发出闪光的室内拍摄时，最好将此功能关闭，才不会影响他人。

C.Fn III-6

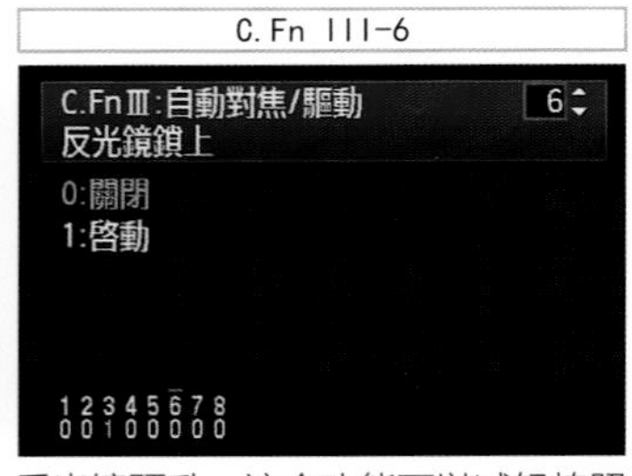

反光镜预升。这个功能可以减轻拍照时反光镜上下震动影响到图像的清晰。特别是当相机安装在三脚架上时，可以将此功能开启，并以自拍器来进行拍摄，以提高图像效果。

C.Fn III-8

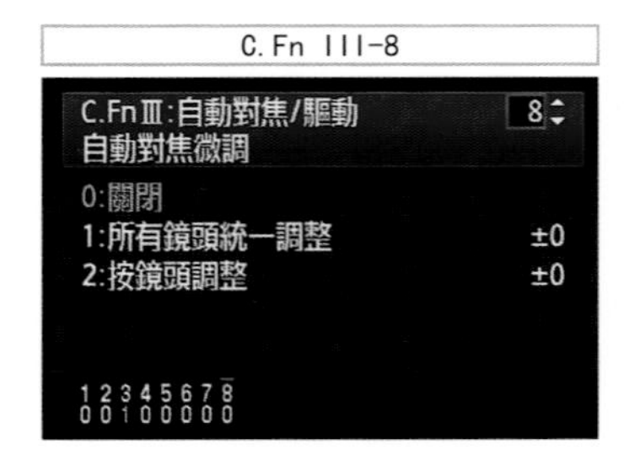

从EOS 1D Mark III开始的自动对焦微调，已配置在EOS 50D及5D Mark II，使用者可以选择所有镜头统一调整，或是按个别镜头调整。

C.Fn III-8

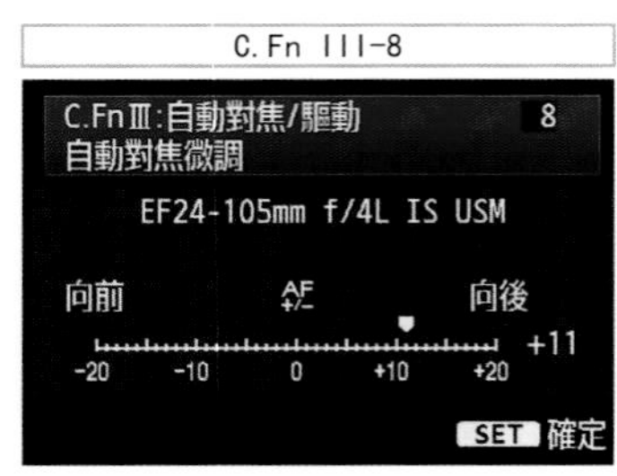

自动对焦的精细调整。能以±20个等级进行调整。一个等级的调整量根据镜头的最大光圈而不同。按镜头调整时，可以对任意的指定镜头单独设置调整量。最多可以在相机中注册20支镜头的调整量。

追踪摄影的技巧

拍摄时将中央自动对焦点覆盖拍摄目标，半按快门按键进行对焦，接着在适当的快门时机，我们想要拍摄相片时，完全按下快门按键即可。

要拍这种出主体清楚而背景有动感的照片，诀窍在于从主体进入画面开始，直到按下快门以及快门关闭为止，相机都必须跟随主体方向和速度平稳地移动。例如：主题移动方向是由右至左，相机就要由右往左平移拍摄，这种手法叫“追踪摄影”。

相机设定

拍摄模式	对焦点选择	对焦及驱动模式	图片格式
快门优先	自动	连拍 AI SERVO	JPEG-Fine

善用3英寸92万像素高解析度液晶屏彻底检验照片及Live View功能

进阶功力！2小时修炼！

不借他人之手，从LCD看得到就拍得到！

Canon EOS 5D Mark II、EOS 50D共享

拍完的照片，我们怎么知道拍的好不好？相机的设定有没有问题，如果摄影名家不在我们身边怎么办呢？其实Canon EOS 5D Mark II / EOS 50D静静的告诉我们很多事情呢！

拍完照片后，请按▶“回放键”，让先进的信息功能诉说这一切。

进度8/24

播放照片

按下机背的回放键，以机背指令盘旋转观看前后照片。

强光警告：开启此功能时，画面中过度曝光区域将会闪动黑色色块。

按下机背的INFO键，显示基本信息。

再按下机背的INFO键，显示详细的拍摄信息。

高手必学-直方图的解读

相机显示时的直方图，可以用来协助判断照片的曝光是否适当。直方图的X轴代表从最暗到最亮的变化过渡，Y轴代表像素的数量，中间高低起伏如山脉状曲线代表本张照片从纯黑(最暗)到纯白(最亮)之间各色阶像素数量分布的情况。

拍完照片想判断曝光是否正确，可以马上按下“Info”键叫出直方图来查看。如果是在户外照明均匀的环境，理想的直方图应该如图一所示。如果山脉纵线集中在左边偏暗的部分，照片就有曝光不足的可能(图二)。如果山脉纵线集中在右边偏亮的部分，照片就可能过曝而太亮(图三)。

曝光理想

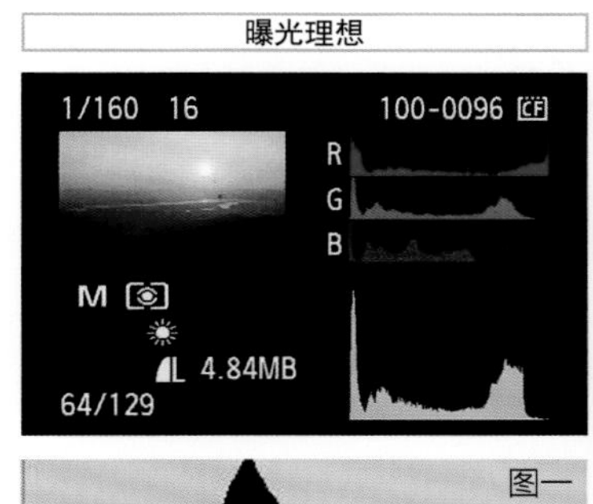

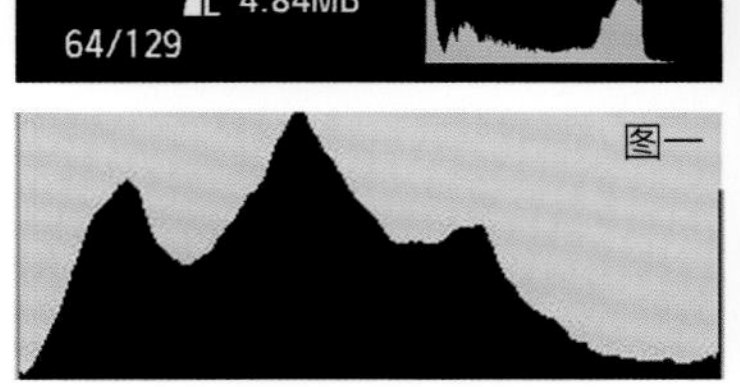

曝光过度

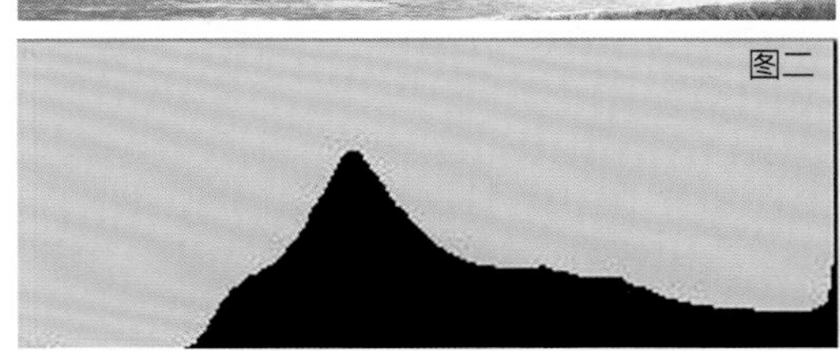

曝光不足

菜单好多好麻烦？高手的好助理“我的菜单”

当机身的功能越来越强，也代表摄影者要设定的菜单变得更为复杂了，高手们的秘诀就是把常用的设定放在“我的菜单”之中，只要开启我的菜单，就可以很快的搞定不同的设定，要成为高手，这个功能你一定要会！

将最常用的功能选项加在这个菜单，方便随时选用。

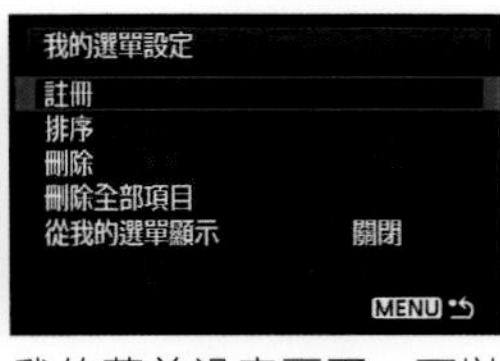

我的菜单设定画面，可以新增或删除项目，也可调整排序。

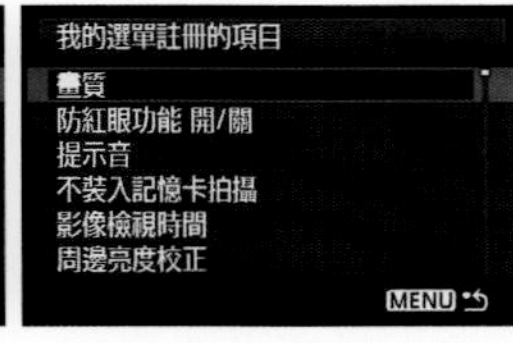

所有的功能选项都可以挑选放在“我的菜单”。

举例将“画质”注册到我的菜单。

完全掌握新时代的超级功能Live View

Canon EOS 5D Mark II、EOS 50D共享

LV是名牌包吗？当然不是！ Live View也就是实时显示功能，已成了新时代的标准配置了。通过机背大型3英寸液晶屏即时查看拍摄画面，可以大幅度的提高拍摄机动性与各种高低角度拍摄的弹性。

启动即时预览时可以按下放大键将影像中央放大5倍或10倍进行手动对焦参考，不过此时无法自动对焦，但在自定义功能中设定后，可以在按下AF启动按键后，先暂停即时预览进行AF，待对焦完成后继续启动即时预览。

相比之前其他机型的LV功能，EOS 5D Mark II、EOS 50D变得更先进了，一共有三种LV可以选择。分别是快速模式、实时模式和面部优先。

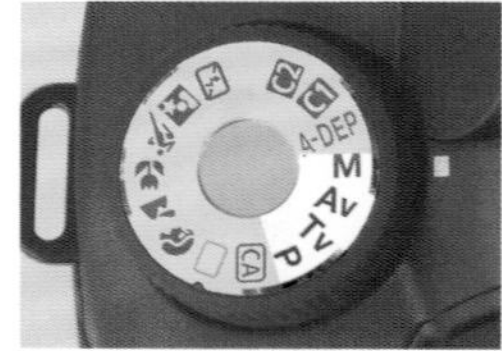

将拍摄模式设置为创意拍摄区模式，在基本拍摄区模式下即时显示拍摄是不会启动的（EOS 50D）。

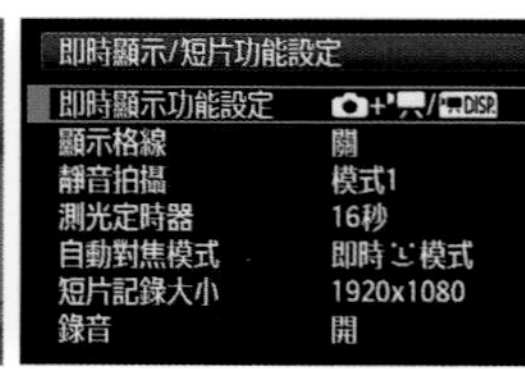

进入功能表，选择即时显示功能，然后按下“SET”键。

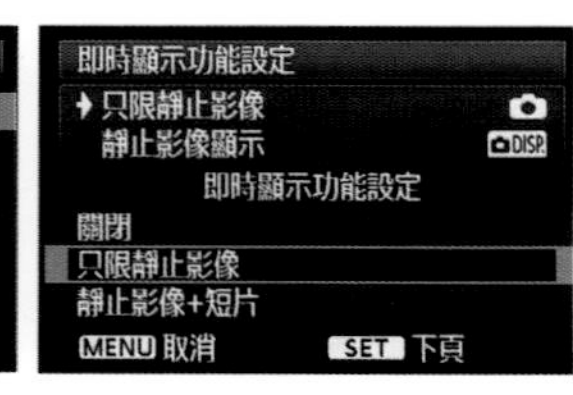

在选项中转盘选择“只限静止图像”，然后按下“SET”键。

按下位于机背LCD左上方的“实时显示”按键，即进入Live View状态。

按下快门键，拍照完成。

三种LV模式的差异分析

快速模式

快速模式使用的是机身原有的对焦系统，当对焦是设定在单次自动对焦模式时，与使用光学取景窗时的对焦动作是相同的。使用时也可以选择九个对焦区中的某一个来进行快速对焦，因为用的是原有的对焦系统，所以在自动对焦操作期间，即时显示图像将被暂时中断。

实时模式

实时模式所使用的对焦元件就是相机的CMOS传感器本身。它的特点是在对焦时即时显示画面不会中断，但自动对焦操作将比快速模式需要更长时间。此外，可能比快速模式更难以合焦。

面部优先模式

面部优先模式的对焦作动原理，和实时模式是相同的，但多了由相机自动检测被摄者的面部并对焦的环节，所以在拍摄时，要请拍摄主体面对相机。在本模式下，最多可以同时识别35张脸。

独立制片新宠
用5D Mark II拍摄高画质短片

设定流程

Step 1

和拍摄静态照片的基本设定是类似的，不过在菜单中请选择“静止图像+短片”。

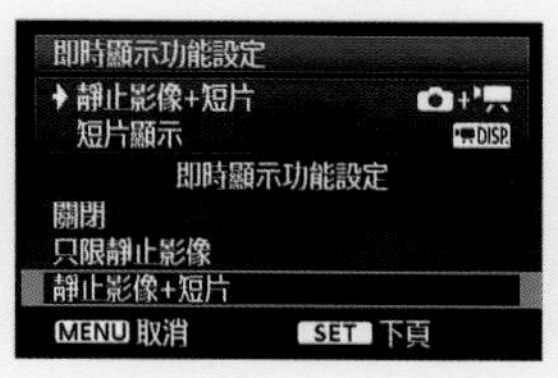

Step 2

设定拍摄的格式，可以选择1920×1080的全高清视频或是640×480的标准视频格式。

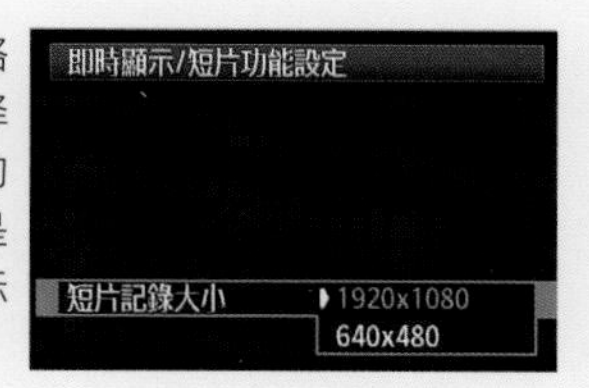

Step 3

拍摄时，按下转盘中的“SET”键，便开始录制，再按便停止录制。

短片录制 Q&A

Q：EOS 5D Mark II最多可以录制多久的短片？

A：EOS 5D Mark II最长可以录制29分钟59秒的连续短片，以H.264 MPEG-4编码压缩并以mov格式储存短片，若记录的存储卡为4GB，则大约可储存12分钟的Full HD高画质影片，或约24分钟的标准影片（640x480@30fps），EOS 5D Mark II除内置的单声道麦克风之外，更可外接立体声麦克风，以获得更高品质的立体声录制效果。

Q：录制短片时可否自动对焦？

A：EOS 5D Mark II在拍摄短片的同时并不保持追踪对焦，这一点和摄录影机完全不同。对焦是依靠成像的CMOS，以对比度检测的方式实施自动对焦，在拍摄过程中按动AF-ON按键启动，但这种对焦模式的速度不快，建议把镜头切换至“MF”，改以手动的方式对焦更好。

4-3 测光与曝光补偿

进度10/24

进阶功力！2小时修炼！

善用4种测光模式，准确掌握画面色调美

Canon EOS 5D Mark Ⅱ、EOS 50D共享

Canon EOS 5D Mark Ⅱ及EOS 50D都具有4种测光模式，分别为35区分割的评价测光模式、局部测光、点测光及中央重点平均测光等四种测光模式。理解这四种测光模式的差异以及灵活的运用它们，你才能精确掌握画面的曝光，拍出色调和明暗层次完美的照片。

如何切换测光模式

按下机顶的测光模式键①，接着转动主控制转盘②，便能依序切换这四种测光模式，图示所代表的测光模式请参考以下图例。

4种测光模式的解析

评价测光

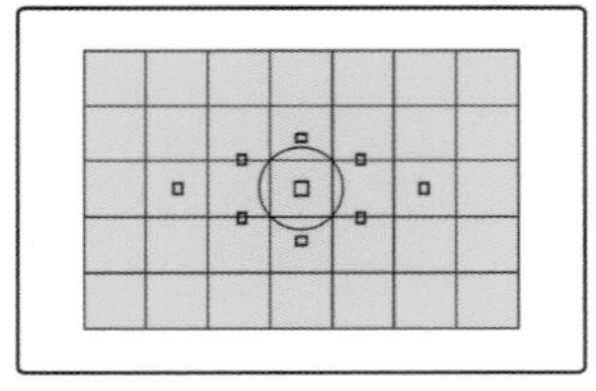

将画面分成35个等面积的小区域，经由对焦点和各部分明暗对比的加权计算结果，获得最佳的曝光值。权衡式测光适合大部分的顺光或侧光拍摄场景。

中央重点平均测光

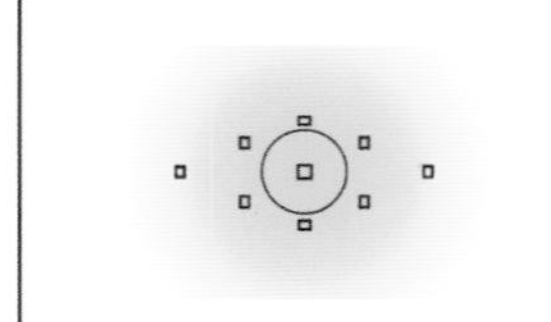

在测光时加重中央部分的范围，同时也考虑画面其他部分的曝光值。适合面对太阳直射的场合，即使逆光也会因中央加重测光而可获得满意曝光。

局部测光

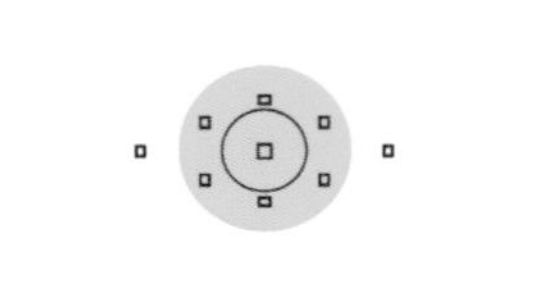

以画面中央9%面积为测光范围的局部测光模式，适合使用在生态摄影或人像摄影时，这些场景必须将摄影主体优先考虑，例如说人像摄影时的半身入镜。

点测光

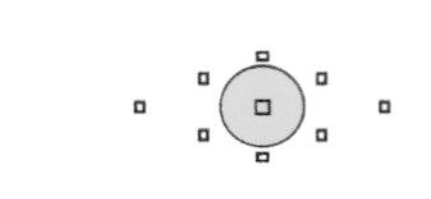

点测光仅计算画面中央约3.8%面积的曝光量，适合专业摄影师对于画面各部分曝光的精准量测，最常配合相机M模式使用。

风光照片这样拍、寻找画面中灰色部分，以点测光取得理想曝光值

Canon EOS 5D Mark II、EOS 50D共享

测光系统是以中灰色为测光基准。当顺光时，任何一种测光模式都能获得满意的测光结果，但在逆光时，可能就必须使用点测光的技巧，才能得到最理想的测光值。

测光时，先把测光模式切换至“点测光”，再寻找画面中的中间色调位置，例如图中几个圈选的位置（红圈），都是接近中灰色的色调，以此测光不需要进行曝光补偿，便能获得准确的测光值。

或是针对暗部测光（画面中黄圈的位置），并将测光值再减至约1.3EV到1.7EV，再以LCD来查看效果，应该就能获得不错的效果。

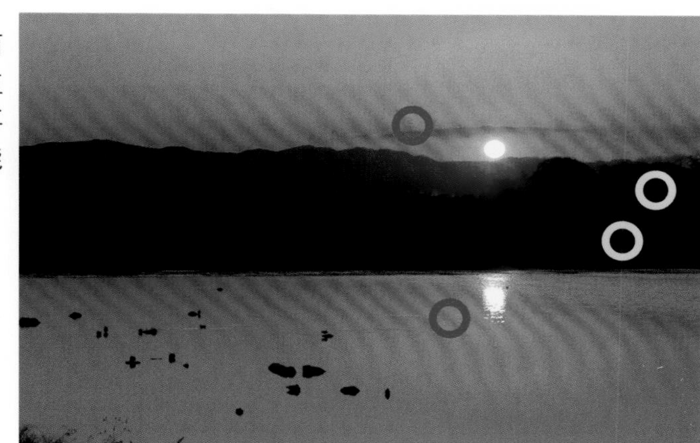

使用曝光补偿控制相机的曝光系统

Canon EOS 5D Mark II、EOS 50D共享

在使用P、Tv及Av三种拍摄模式时，可以运用曝光补偿功能来调整画面的明暗。而Canon EOS 5D Mark II及EOS 50D的曝光补偿功能是用机背指令盘来调整的。

操作方式如下：首先半按快门键①，再转动机背指令盘②。顺时针是正补偿，让照片变亮，逆时针旋转为负补偿，让照片变暗。补偿的幅度最多达2EV，微调幅度1/3EV，补偿的多或少，可以在取景窗或机顶信息显示屏中查看。

图示为曝光补偿+0.3 EV时的情况。

曝光锁定：确保曝光值与主体一致

Canon EOS 5D Mark II、EOS 50D共享

当我们面对主体对焦时，如果维持半按快门则会同时锁定焦距和曝光，也就是说这时如果改变构图，测光的结果并不会变动。

但我们还可以利用曝光锁定的功能，例如说拍摄人物时，如果先将相机朝着脸部或眼睛对焦，同时按下“曝光锁定键”则取景窗会出现“＊”记号，在六秒钟之内光圈和快门速度可维持不变，不受到重新构图和按下快门的影响。

曝光锁定键可让相机进行测光动作，并锁住曝光结果（光圈值和快门速度）。

使用曝光锁定还有一点要注意，就是在评价式测光时，曝光锁定将与对焦点连动。但在局部测光、点测光和中央重点平均测光时，使用曝光锁定会用于中央对焦点的测量结果。

运用曝光补偿修正曝光问题

相机的测光是以中灰色的物体为基准的，当被摄体的颜色比中灰色浅时，容易因误判造成曝光不足，就必须使用曝光正补偿；当被摄体的颜色比中灰色深时，常拍出曝光过度的照片，必需使用负补偿。

图例的模特因为穿着浅色的服装，又处在逆光的状况下，导致曝光结果偏暗，因此需要正向曝光补偿，才能恢复肤色和衣服的正常亮度。

无曝光补偿

曝光补偿+1EV

摄影学园 模特：小拿

包围曝光–无法及时判断曝光值的技巧

Canon EOS 5D Mark II、EOS 50D共享

使用EOS 5D Mark II/50D的进化版的新界面

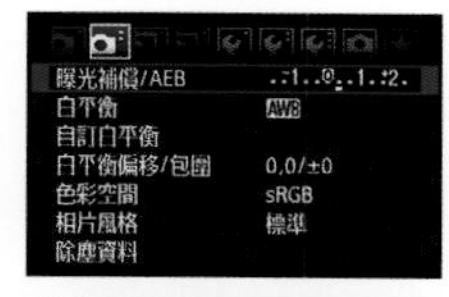

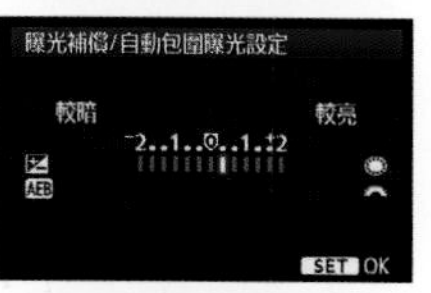

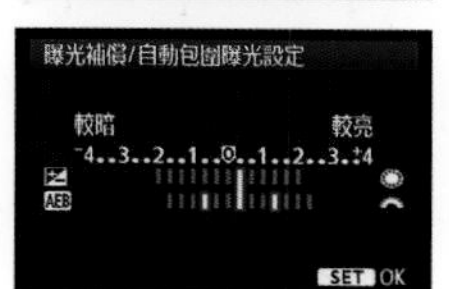

一张照片拍得太暗或太亮，虽然可以用后期图像处理软件去补救。但如果要获得完美的层次感和画面细节，最好还是在拍摄时就正确的曝光。

受限于时间紧迫，在面对逆光或是较多白色物体于画面中时，如果无法确认曝光补偿值，建议可以采用包围曝光来拍摄，在拍摄完成后选择最为满意的一张照片。

正常

+2/3EV

–2/3EV

EOS 5D Mark II/50D进化版的包围曝光界面更为容易设置，请在拍摄菜单中选择（曝光补偿/AEB），在设置菜单中，通过机身拨盘设置自动包围曝光量，机背的大转盘设置曝光补偿量。

拍摄时，分别拍摄3张照片（例如单张拍摄，连续按下快门键3次），便可获得3张不同曝光量的照片。如果设定为自拍模式，则相机会自动连续拍摄3张照片。

4-4 相片风格

进度11/24

进阶功力！1小时修炼！

用相片风格拍出自己的色彩风格

Canon EOS 5D Mark II、EOS 50D共享

人像

标准

适当的鲜艳感觉和锐利度，适合一般拍摄。

中性

用于拍摄自然的色彩及柔和的图像，不增加锐利度。

可靠设置

准确的日光环境下的色彩重现（5200k色温），没有锐利化。

单色

拍摄黑白照片。

善用相片风格就能省去许多后期制作的时间，要拍出漂亮的肤色和亮丽质感，让模特的皮肤白里透红，选择“肖像”相片风格准没错。

拍摄信息：Canon EOS 5D Mark II，Av模式，F2 1/2000秒，EF 85mm F1.8，ISO400，评价式测光，相片风格：人像，摄影家手札特约模特 小晴，新生公园。

相片风格的操作说明

Canon DSLR具备独家的“相片风格”功能。选择不同的相片风格，如同选择不同特性的胶卷，可以满足不同的色彩需要，除了预设的标准、人像、风景、中性、可靠设置和单色6种之外，更有3种自定义照片风格。每种风格都可以对锐度、对比度、饱和度等参数进行精准调整，满足各种摄影创意。

相片风格快速键位于机背LCD的旁边，由上而下的第二个即是。

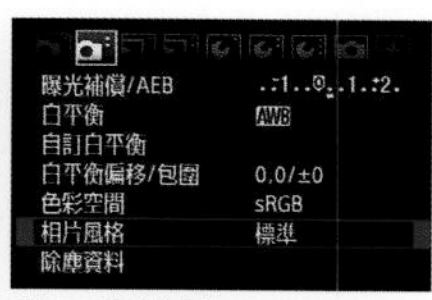

按下快捷键后，可以迅速的切换相片风格，按“SET键”确定。

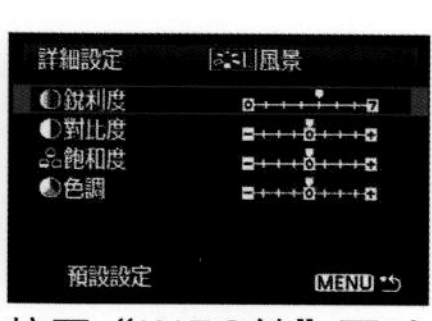

按下“INFO键”可以进行详细设定。每一项相片风格，都可让使用者自行调整：锐利度、对比度、色彩饱和度和色调等4个参数。

滤镜效果

在“相片风格”中还有趣味性的滤镜效果，隐藏在“单色”模式之内。

单色滤镜效果共有四种：黄、橙、红、绿。其应用与使用黑白底片时一样，可通过有色滤镜过滤掉特殊颜色，而在黑白色调中产生不同的色差。

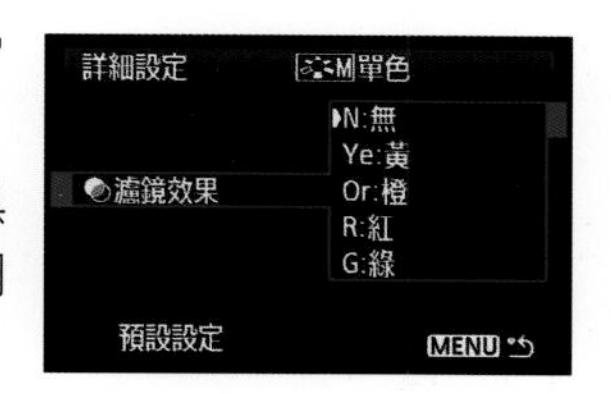

更多的相片风格－请上网下载！

Canon公司贴心地为摄影者提供了多种不同风格的“相片风格”样式，请到这里下载：http://web.canon.jp/imaging/picturestyle/index.html

目前包括：Studio Portrait（摄影棚人像）、Nostalgia（怀旧照片）、Clear（清晰）、Twilight（晨昏）、Emerald（湛蓝）、Autumn Hues（秋色）及Snapshot Portrait（速写人像）等相片风格可下载。下载后通过USB数据线，将这些相片风格存储在机身内使用，或者在DPP软件开启后，载入相片风格来做RAW文件处理。

风景风格

秋色风格

以“风景”相片风格拍摄照片，可获得鲜艳度和锐利度高的照片，在一般的状况下即有不错的视觉效果，但在拍摄红叶时，不妨下载“秋色”相片风格并套用，能加强红与黄色的彩度，可让红叶变得更通透而美丽，看起来视觉效果更好。

4-5 感光度ISO

进度12/24

进阶功力！1小时修炼！

灵活运用感光度，任何光线都好拍

Canon EOS 5D Mark II、EOS 50D共享

随着像素的上升，以及高ISO的画质要求，高达2150像素的在高感光度时表现能力如何呢？三年前，Canon 5D的高感光度噪点抑制表现就领先群雄，现在搭配DIGIC IV的5D Mark II果然不负众望，在ISO 800仍几无噪点的出现，再高一级到ISO 1600才稍稍有噪点出现在亮部。在光线不足的时候，5D Mark II可以使用ISO 3200仍能获得令人满意的图像。直到ISO 6400以及更高的感光度，图像的解析度才受到噪点的干扰而下降。

至于EOS 50D的噪点控制也有不俗的表现，因此工作感光度（画质优异的最高感光度）大约在ISO 640–800，当然使用ISO 1600拍摄也没有太大问题。

结论：5D Mark II的工作感光度在ISO 800–1600，EOS 50D的工作感光度则在ISO 640–800之间。

在DIGIC 4图像处理器的威力之下，以ISO 1600来拍摄，噪点虽可察觉但仍可接受。拍摄条件：5D Mark II，EF 24–105mm F4L IS USM，光圈优先，相片风格：风景，高ISO噪点消除：标准，Large Fine JPEG，使用三脚架、关闭IS。

各感光度局部放大比较

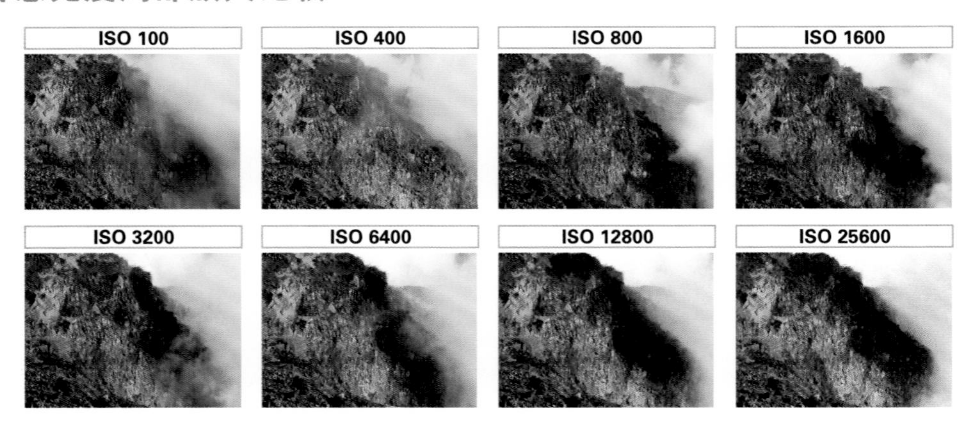

如何设定感光度

Canon EOS 5D Mark II的感光度范围为ISO 100–6400，并可扩展到ISO 25600。而Canon EOS 50D的感光度范围则为ISO 100–3200，并可扩展到ISO 12800。随着DIGIC 4处理器的再进化，许多人担心随着像素上升使得噪点也随之增加，但5D和50D的防噪问题获得了良好的处理，不用过于担心。

ISO感光度的调整在机顶，按下后再调整主控制转盘改变感光度。

ISO设定时的间隔调整，一般在1级即可。

要设定在1时，才可以使用所谓的扩展感光度。

特别补充 关于噪点及使用Canon DPP处理噪点

虽然EOS 5D Mark II及EOS 50D的噪点处理能力极为优秀，不过仍有些摄影人的眼中是容不下一颗噪点的。伴随着高ISO出现的噪点，是传统胶片及数码感光元件共享的缺点。

使用机身内置除噪点功能

要在拍摄的时候即时处理噪点的话，我们可以直接在相机菜单中开启降噪的相关设定。在C.Fn II –1：图像的“长时间曝光降噪”功能设定菜单中，便可以选择“自动”或“开启”。当设为自动时，对于1秒或以上时间的曝光，如检测到长时间曝光噪点，会自动执行消除噪点，在大多数情况下都有效。如果是设为“开启”，对所有1秒或以上的曝光均执行消除噪点。设为“开启”，对使用“自动”设定无法检测或消除的噪点可能有效。

第二项则是在C.Fn II –2“高ISO降噪功能”，可以用来消除图像中产生的噪点。虽然消除噪点应用于所有ISO感光度，但在高ISO感光度时尤其有效。低ISO感光度时，阴影区域的噪点会进一步消除。

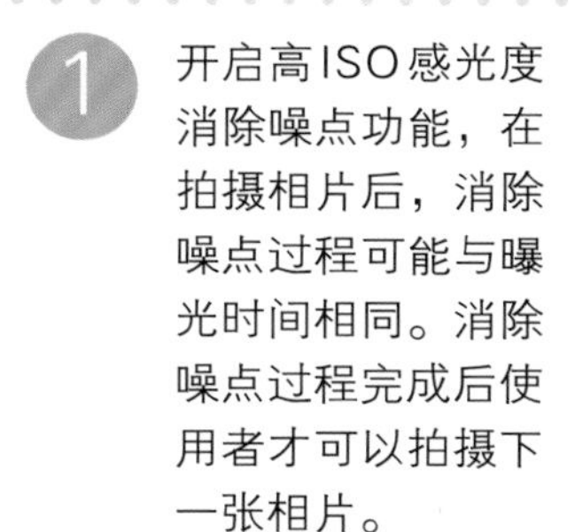

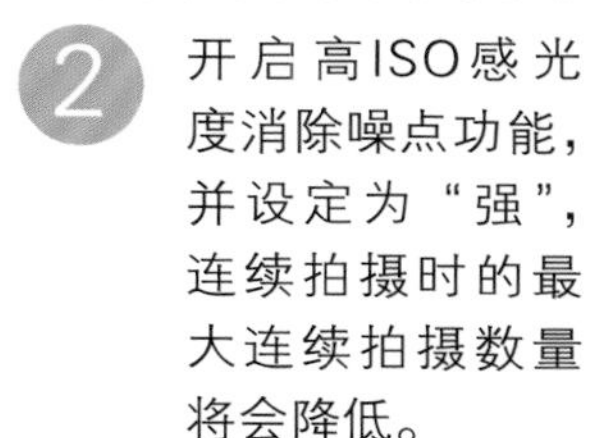

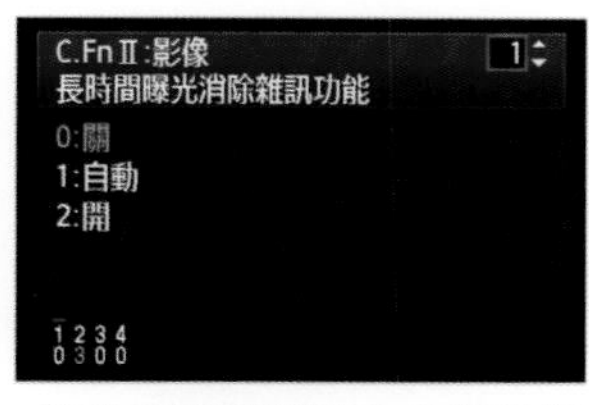

“长时间曝光降噪”功能设定菜单中，可以选择“自动”或“开启”。以对付曝光时间超过1秒的噪点，一般状况下选择“自动”即可。

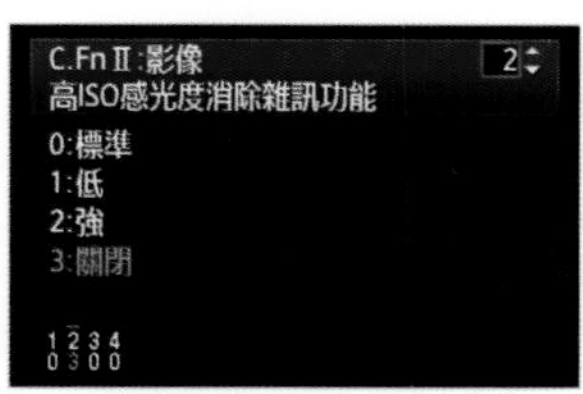

“高ISO降噪”功能，是特别针对高ISO进行噪点抑制的功能，效果即时，但也会影响拍照的节奏，有必要时再开启即可。

使用Canon DPP降噪

Canon提供的DPP软件，也有降噪的功能，在工具视窗中，共有两个选项，分别是“亮域噪点抑制”及“色差噪点抑制”。对于拍摄所产生的噪点，我们可以选择“亮域噪点抑制”，并由个人的爱好及习惯，选择不同的强度，最低是“0”，最高可达“20”。

Canon提供的DPP软件，也有降噪的功能，方便使用者在事后处理照片噪点的问题。

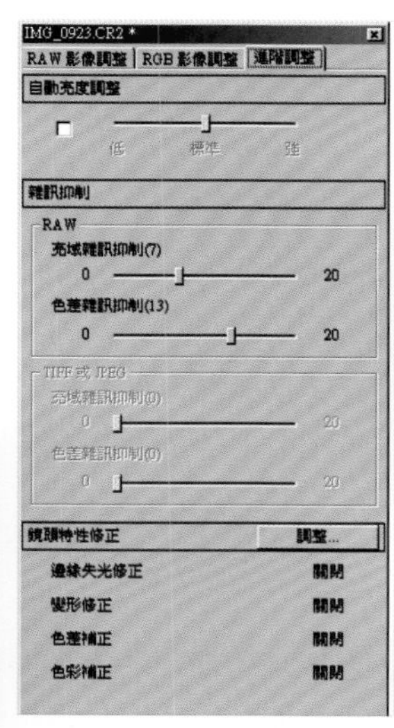

在工具视窗中，共有两选项，分别是“亮域噪点抑制”及“色差噪点抑制”，使用者可以由0–20调整抑制的强度。

强度为0的效果

强度为20的效果

4-6 适当设定画质，避免爆卡

进度13/24

进阶功力！1小时修炼！

用全新的操作界面来设定画质非常方便！

Canon EOS 5D Mark II、EOS 50D共享

Canon EOS 5D Mark II及EOS 50D的画质设定，均在拍摄菜单第一页的第一项进入。JPEG文件可选择：大、中和小尺寸，画质包括精细、一般及压缩品质。RAW文件另有中等尺寸的sRAW1文件及小尺寸的sRAW2文件，并可由拍摄者自行选择只拍RAW文件或是以RAW文件组合JPEG文件。

设定时，先选择菜单第一画面，进入画质选项，再通过调整主拨盘选择不含RAW（－）、RAW、sRAW1及sRAW2文件；用机背上的大转盘来设定不含JPEG（－）或是大（L）、中（M）及小（S）的图像尺寸与画质。

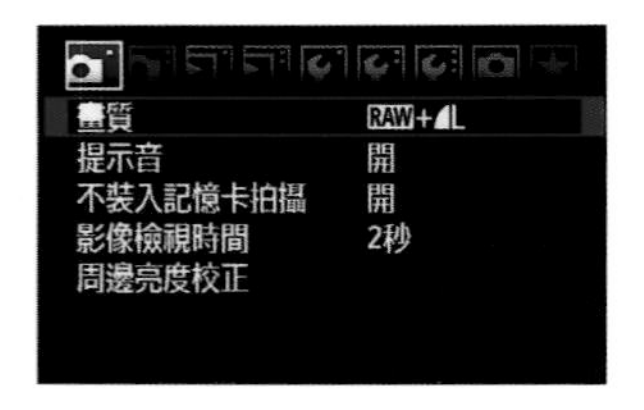

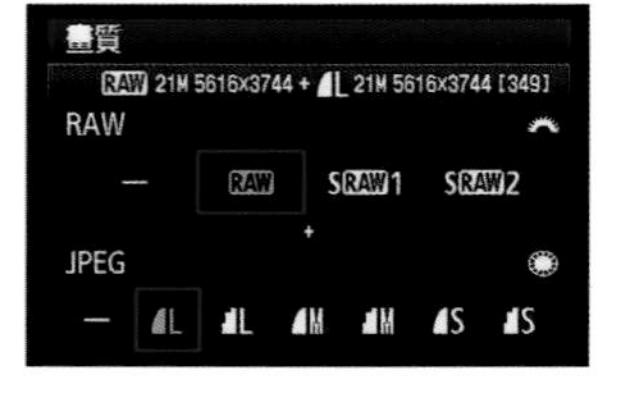

全新的操作界面，并新增了sRAW1及sRAW2格式，让使用者任意组合，满足各种拍摄的需求。

快速变换画质的秘技：善用SET键设定

如果你和小编一样，会根据不同的场合及不同的拍摄目的，频繁的变换拍摄画质，那么可以考虑和我们一样设置好“SET”键的功能，在我们要设定画质时，只要轻按机背上大圆盘中的“SET”键，便可直接进入画质设定菜单。

请在个人风格设定“C.Fn IV 操作/其他”指定1即可。

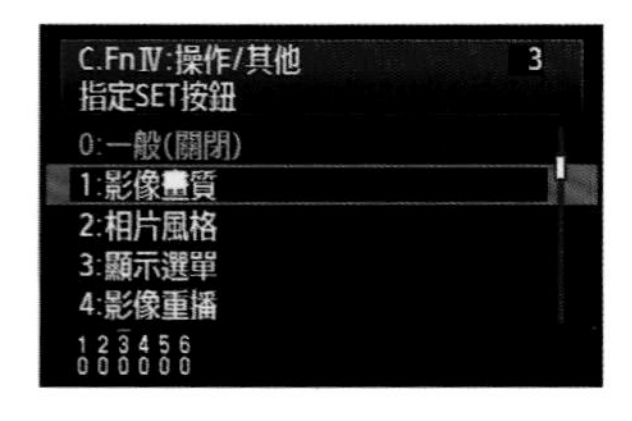

图像画质/放大尺寸与可拍张数表格

画质		像素	打印尺寸	文件大小	可拍张数	最大连拍数量
JPEG文件	L精细	约2100万/1500万	可超过A2/A3	6.1MB/5MB	310/370	78（310）/ 60（90）
	L普通			3MB/2.5MB	610/740	610（610）/ 150（740）
	M精细	约1100万/800万	A3/A3-A4间	3.6MB/3MB	510/620	330（510）/ 110（620）
	M普通			1.9MB/1.6MB	990/1190	990（990）/ 390（1190）
	S精细	约520万/370万	A4/A4或以下	2.1MB/1.7MB	910/1090	990（990）/ 330（1090）
	S普通			1MB/0.9MB	1680/2040	1680（1680）/ 1050（2040）
RAW文件	RAW	约2100万/1500万	可超过A2/A3	25.8MB/20.2MB	72/91	13（14）/ 16（16）
	sRAW1	约1100万/800万	A3/A3-A4间	14.8MB/12.6MB	120/140	15（15） 16（16）
	sRAW2	约520万/370万	A4/A4或以下	10.8MB/	170/200	20（20）
RAW+ JPEG文件	L精细 RAW	约2100万/1500万	可超过A2/A3 A3/A3-A4间	25.8+6.1MB /20.2+5MB	57/72	8（8）/ 10（10）
	L精细 sRAW1	约1100万/800万	可超过A2/A3 A4/A4或以下	14.8+6.1MB /12.6+5MB	89/100	8（8） /10（10）
	L精细 sRAW	约520万/370万	可超过A2/A3 A4/A4或以下	10.8+6.1MB /9.2+5MB	110/120	8（8）/ 11（11）

制表说明：1.可拍张数是以2G的存储卡来估算的，文件大小会因为拍摄的画面特性而略有出入是正常的。Canon EOS 5D Mark II及EOS 50D分别以斜线分开。
2.当使用兼容UDMA格式的存储卡时，最大连拍数量会有所差异，以( )表示之。

图像画质的选择要领

从上列的表格可发现一些有趣的事情。当相机设定成最高画质，并以RAW格式及JPEG拍摄时，所占的存储空间最大，而连续拍摄的张数最少。所以各位在拍照时，如果拍摄精致的晨昏、风景及人像作品，或需要更改白平衡或相片风格的照片时，可使用RAW或sRAW格式拍摄。

单纯的纪录照，4×6、5×7左右的照片，要通过e-mail传送或是只用来做墙纸，使用S、M尺寸即可。

至于拍摄动态题材，使用EOS 50D时，可以设定为各尺寸的一般画质，并选用兼容UDMA格式的存储卡，便可以得到最大的连续拍摄数量，以免错失精彩画面。

白平衡设定

进度14/24

进阶功力！1小时修炼！

灵活运用不同白平衡设定，重现真实或是创造梦幻色彩！

由于不同环境的光线色温不同，使得拍出的色彩与我们肉眼所看到的有差异，因此需要通过不同的白平衡设定来还原真实色彩。

EOS 5D Mark II及50D的白平衡主要的有四大类型，自动白平衡（AWB）适用于一般的状况下，手动白平衡允许用户根据不同的拍摄环境手动设定白平衡，而色温设置的方式则适用于高手；至于最高级的自定义白平衡则适用于棚拍之类的环境。

拍摄信息：Canon EOS 5D Mark II，Av模式，F2.8 1/3200秒，EF 24-70mm F2.8 L USM，ISO400，评价式测光，相片风格：人像，摄影家手札特约 模特 精灵，汐止 梦湖。

运用色温的微调，也可以让拍摄者利用白平衡微调出喜欢的肤色，一般说来，设定的色温越低，画面呈现的色调越冷，色温越高，画面呈现的色调越暖。这种方式虽然不是正规的肤色调整，但不失为快速简便的做法，配合新型高解析的机背LCD液晶屏，可以准确的辨别及调整。

白平衡的设定

EOS 5D Mark Ⅱ及50D的白平衡操作完全相同。操作时请先按下机顶的“测光/白平衡键”①，按下后用机背指令盘②选择8种预设模式：自动、日光、阴影、阴天、白炽灯、白色荧光灯、闪灯和自定义白平衡。

除了用机顶的按键来设定之外，也可以由拍摄菜单第二页第二项，进入选择白平衡模式。

白平衡偏移

白平衡偏移，更可以针对G/M/A/B四个色调，进行正负9级的偏移。实际色调将分别加强：绿色、洋红色、琥珀色和蓝色，也可以将偏移点移到画面中的任一位置，例如说A8、M7。

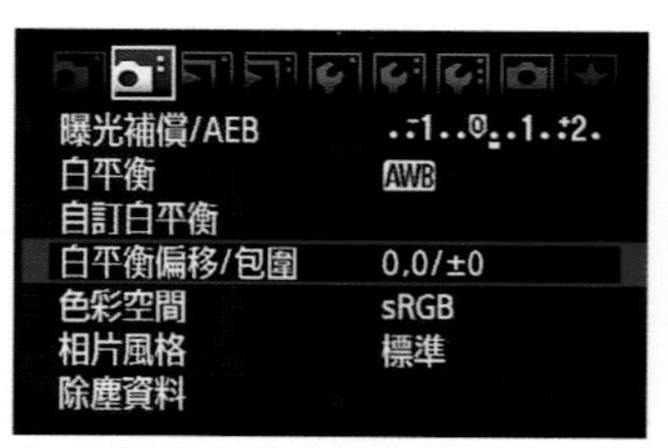

白平衡偏移请由拍摄菜单第二页进入。

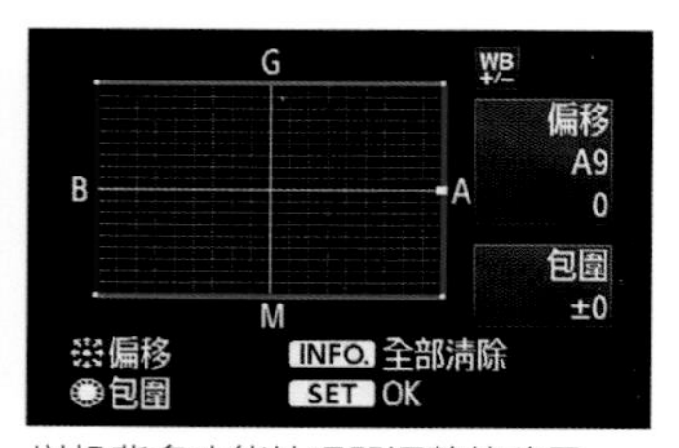

以机背多功能处理器调整偏移量。

白平衡包围

所谓白平衡包围，是在特定的白平衡模式下（例如自动白平衡或日光白平衡），可以用三种色温度（间隔相同）分别拍摄一张照片，以获得色调稍微不同的照片。Canon的白平衡包围可以分别对蓝色—琥珀色（BA）、绿色—洋红色（GM）两个方向设定，各自最多可正负3级。

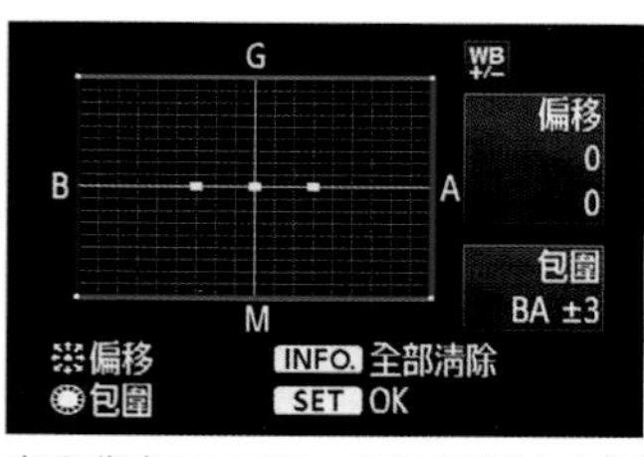

白平衡包围画面，以机背指令盘调整包围级数。

日光

包围：G3

包围：M3

运用不同白平衡，拍出梦幻色彩

如果要拍出正确的色彩，是在不同环境下设定相应的白平衡，但有时也可以“错用”，拍出梦幻的色彩，大家在拍摄时不妨多试试，找出自己喜欢的白平衡设定，也可用RAW格式拍摄，再利用DPP软件来调整出不同的白平衡。

图例的夜景照片，便是故意错用白平衡，各位不妨比较自动白平衡及设定为钨丝灯白平衡的差异。

自动白平衡

钨丝灯白平衡

4-8 除尘功能设定 –Sensor Cleaning

进度15/24

进阶功力！1小时修炼！

完善的CMOS感应器，三重除尘功能–EOS综合自动除尘系统

感光元件的除尘系统可以说是目前DSLR的“标准配备”了。EOS 5D Mark II及EOS 50D都采用了EOS综合自动除尘系统，以确保拍摄过程中尽量不受到灰尘的干扰。所谓的“EOS综合自动除尘系统”是在机身内有三重除尘方式，外加DPP软件在后期处理时为消除主功能。

一、减低灰尘吸附的机身设计：机身内部（如快门元件和机身盖等）采用了抑制灰尘产生的构造和材质，并进行了抗静电处理，可以大大减少灰尘的吸附和积淀。

二、防静电滤镜：各级机身的CMOS前方有三层光学低通滤镜（LPF），密封在一起，最外面的第一层光学LPF上图有防静电材料，不易吸附灰尘。

三、超声波振荡功能：该清洁装置是安装在CMOS的第一层LPF顶部，通过压电元件产生的超声波振动，使第一层LPF产生极速振动，震落附在其上的灰尘，落下的灰尘会粘附在第一层LPF底部的黏性材料上。

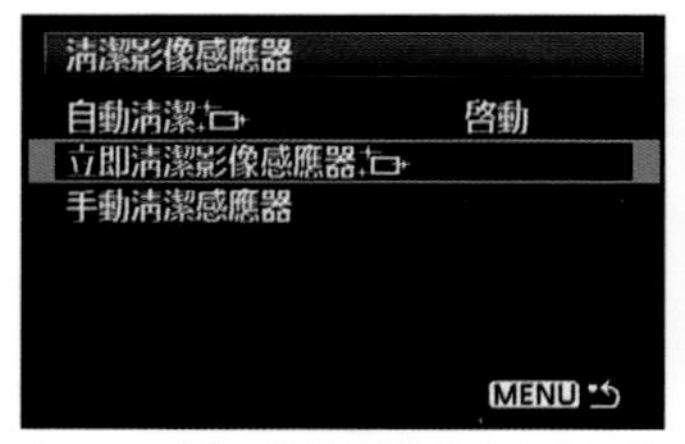

Canon 新一代的机身均包含了3种清洁方式：自动清洁、立即清洁和手动清洁。

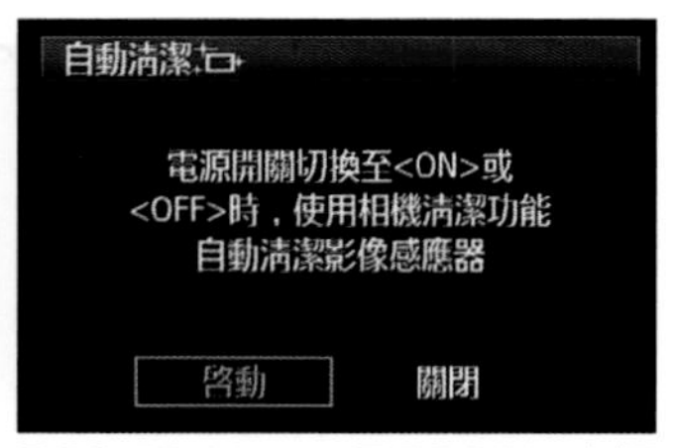

EOS 5D Mark II及EOS50D在相机开机和关机时，可设定自动启动自动清洁感应器。

如果在拍摄过程中，发现入尘，也可透过菜单功能，马上启动除尘功能。

进行清洁CMOS动作时，机背的LCD会出现清洁提示的画面。

第二种除尘方式：手动除尘

使用手动清洁传感器时，就是使用吹气球或是其它清洁工具来强行除尘，进入菜单后，设定好，按下快门，机身会让反光镜上升，快门帘下降，再将镜头卸下，可以看到快门帘后面一块绿色反光的，就是CMOS感应器（其实最前面的是第一层LPF）。用吹气球小心的吹去上面的灰尘。请留意不要将吹气球的顶端碰触到第一层LPF。不建议使用高压空气罐来清除灰尘。

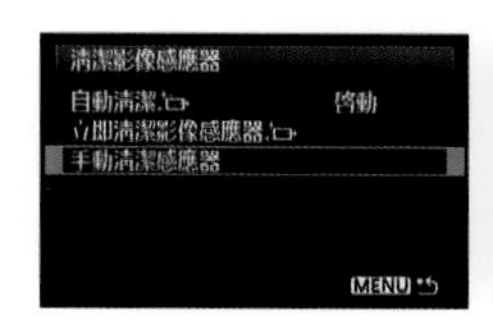

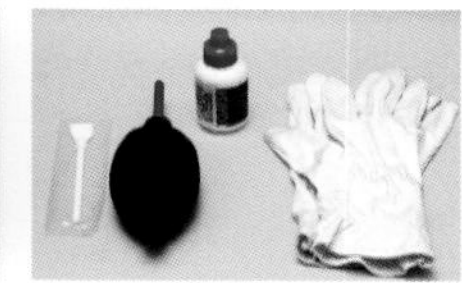

无法除尘时的紧急方法：加入除尘资料

如果在外拍照，发现灰尘并启动机身的自动清洁后仍发现无法消除时，可以将除尘资料加入图像文件，待回到家中再通过DPP软件来进行处理。

方法是将相机对准一张白纸拍摄，记得将对焦方式设为MF。从菜单的“除尘资料”进入进行拍摄。图像并不会储存，不过随后拍摄的所有图像，将加入此除尘资料。

利用DPP软件除尘

在Digital Photo Professional软件中，请打开“Tools”的“Stamp Tool”，100%放大查找灰尘位置，选择：Repair-Dark，将圆圈圈框选灰尘，鼠标点一下就立刻消失了！

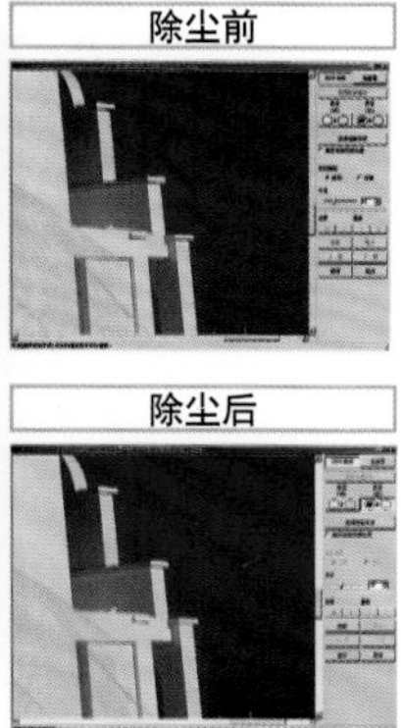

5

24小时掌握旗舰机型Ⅲ

运用数码新时代的旗舰机型，
拍出令人感动的画面！

拍摄信息：Canon EOS 5D Mark II，M模式 F4 1/30秒，EF 17-40mm F4 L USM，ISO200，评价式测光，相片风格：人像，模特 摄影学园 婷婷，新竹南寮。

5-1 人物摄影篇

进度16/24

进阶功力！1小时修炼！

运用定焦镜头，放大光圈，发挥全画幅机的能力！Canon EOS 5D Mark II独享

全画幅机的优势就在于更大画幅能得到更纯净的画质，同时在同样的光圈设定之下，拍出更浅的景深。

要体验全画幅机带来的浅景深效果，自然要使用中长焦段的镜头，放大光圈，拍出超浅的景深，用模糊的背景，突显美丽的模特。拍摄人像的重点是照片风格要设定在人像，并适当地运用曝光正补偿，让人物显得更亮丽白皙！

专家的拍摄设定

拍摄模式	光圈优先
镜头选择	中长焦镜头
光圈大小	F1.4~2.8
快门速度	自动
对焦点选择	手动选择单点
白平衡	自动
感光度	ISO200~400
对焦及驱动模式	单张 单次对焦
照片风格	人像
曝光补偿	+1/3~1EV

拍摄信息：Canon EOS 5D Mark II，Av模式，F2.8，1/4000秒，EF 24-70mm F2.8L USM，ISO200，评价式测光，+0.3EV，相片风格：人像，摄影家手札特约模特可乐，阳明山。

善用构图规则，拍出视觉动感！

Canon EOS 5D Mark II、EOS 50D共享

一般人拍摄人物照片时，经常受限于传统的规则，拍出来的多是中规中矩的照片，但如果要拍出不同的视觉效果，必要时要突破旧的观念，才能创新。

本范例便是采用了传统人像摄影较少使用的标准变焦镜头，巧妙的运用构图的原理，让蓝色的滑梯形成框景的效果，形成视觉焦点。而模特衣服的颜色，刚好也形成对比，更有吸引观赏者目光的效果。

这种框景式的构图，不仅可以用在风景摄影，用在人像摄影的效果也很不错，下回你也可以试试看。

拍摄信息：Canon EOS 5D Mark II，Av模式，F3.5，1/160秒，EF 24-70mm F4L USM，ISO400，评价式测光，+0.3EV，相片风格：人像，摄影家手札特约模特小品。

专家的拍摄设定

拍摄模式	光圈优先
镜头选择	标准变焦镜头
光圈大小	F2.8~4
快门速度	自动
对焦点选择	手动选择单点
白平衡	自动
感光度	ISO200~400
对焦及驱动模式	单张单次对焦
照片风格	人像
曝光补偿	+0.3 EV

注意整体色彩搭配，突显主体风采！

Canon EOS 5D Mark Ⅱ、EOS 50D共享

要拍出令人惊艳的照片，除了相机及镜头的设定之外，色彩的搭配也是重要的因素！人们总是容易被鲜艳的色彩所吸引，因此在可能的范围内，可以事先请模特准备色彩鲜明的服饰，可以让画面更有效果！

但是要注意过犹不及，把所有的颜色都穿在身上，就会流于俗气了，以一到二种的主要色系，搭配小面积的对比颜色，是比较适宜的打扮。

当以色彩为重点时，便可以轻松地以“P”模式来拍摄，同时和被摄者互动，便可拍出让人满意的好作品。

拍摄信息：Canon EOS 5D Mark II，P模式，F2.2，1/100秒，EF 85mm F1.8 USM，ISO100，相片风格：人像，模特：王若水，摄影：王俊会。

专家的拍摄设定

拍摄模式	P模式
镜头选择	人像镜头
光圈大小	自动
快门速度	自动
对焦点选择	手动选择单点
白平衡	自动
感光度	ISO100~200
对焦及驱动模式	单张 单次对焦
照片风格	人像

APS-C画幅的人像策略！使用大光圈的人像镜头

Canon EOS 50D必修人像绝招！

放大光圈、靠近主体拍摄

APS-C画幅不容易拍出浅景深吗？是的，与全画幅机型相比，APS-C画幅在这方面是吃点亏。不过别灰心，只要善用镜头特性，APS-C画幅的用户们也可以享受迷人的浅景深效果。

本范例便是以EOS 50D配合EF 50mm F1.4的大光圈定焦镜头所拍摄的，在中长焦段及大光圈的作用之下，果然拍出了效果极好的浅景深。拍摄时可以大胆的接近被摄者，进行大特写的构图，拍出即有浅景深，又有张力的作品来。

专家的拍摄设定

拍摄模式	镜头选择	光圈大小	快门速度	对焦点选择
光圈优先	大光圈定焦镜头	F1/4~2.8	自动	手动选择单点

白平衡	感光度	对焦及驱动模式	照片风格	曝光补偿
自动	低感光度	单张单次对焦	人像	+0.3 EV

拍摄信息：Canon EOS 50D，Av模式，F1.2，1/4000秒，EF 50mm F1.4，ISO100，评价式测光，+0.3EV，相片风格：人像，模特：王若水，摄影：王俊会。

新时代的人像技巧！善用Live View功能

Canon EOS 5D Mark II、EOS 50D共享

克服各种刁钻角度都能完成拍摄

器材的进化会改变人们创作的可能性吗？答案当然是肯定的。当DSLR加入了LV（Live View）功能后，我们在构图上的弹性变的更大了，要拍出有别于以往的构图，变得更轻松更容易了。

本范例便是运用LV功能，让机身可以贴近地面来取景，以更低的角度，营造了模特与镜头之间的互动感受，这样接近模特视线的构图，能大幅的增加画面中的人物与观看者之间的吸引力，这样的功能，你一定要试试用LV来拍摄人像。

此外，本功能用于拍摄爬行的小婴儿，也是极为方便的，刚当上爸妈的朋友可以试试看！

在LV对焦模式的选择方面，要快速反应并准确对焦的话，我们建议使用“快速模式”，以按下“AF-on”键的方式来对焦。

此外，5D Mark II和EOS 50D都支持面部识别Live View，想要如何构图都可以轻松找到模特脸部，真的很方便！

专家的拍摄设定

拍摄模式	光圈优先
镜头选择	大光圈定焦镜头
感光度	ISO200~400
对焦模式	面部优先对焦
光圈大小	F1.4~2.8
快门速度	自动
照片风格	人像
曝光补偿	+0.7 EV
对焦点选择	手动选择单点
白平衡	自动
LV模式	快速
过片	连续拍摄

放心相机设定，重塑摄影者的价值

Canon EOS 5D Mark II、EOS 50D共享

当相机已达到2110万像素的高像素，各项功能都十分强大之后，摄影的乐趣是不是就不在了呢？当然不是！当我们在不同环境中使用了Canon EOS 5D Mark II及EOS 50D来拍摄人像之后，我们很高兴的对大家说："拍照时就把技术的问题放心地交给相机吧。"不用再担心测光及白平衡，全交给相机来处理即可。

当摄影师不用再担心技术问题时，表示摄影师的价值也发生了变化。拍摄时，不妨专心的引导模特，摆出最佳姿势以及最动人的表情，本例便是做好必要的设定之后，引导模特摆出自然的姿势，摄影人专心的捕捉表情就可以了！

专家的拍摄设定

项目	设定	项目	设定
拍摄模式	光圈优先	镜头选择	大光圈变焦镜头
光圈大小	F1.4~4	快门速度	自动
对焦点选择	手动选择单点	白平衡	自动
感光度	低感光度	对焦及驱动模式	单张单次对焦
照片风格	人像	曝光补偿	无

拍摄信息：Canon EOS 5D Mark II，Av模式，F5 1/160秒，100mm，ISO100，评价式测光，+0.3EV，相片风格：人像。

5-2 风景摄影篇

进度18/24

解说／摄影家手札站长STD
摄影／张正杰（Bill）

弄清楚画幅与焦长转换率，选对镜头，发挥构图功力！

全幅（FF）5D Mark II

APS-C画幅 EOS 50D

APS-C画幅的镜头焦距要乘上1.6倍

Canon EOS 5D Mark II是一部全画幅机型，能搭配EF系列镜头，但不能使用EF-S系列镜头；镜头上的焦距不用乘以倍数。

Canon EOS 50D则是一部APS-C画幅DSLR，可以安装EF或EF-S系列镜头，但镜头焦距会放大到1.6倍，因此在上图和右图的示范中，使用同一支广角镜头拍摄得到的视野却不同。

拍摄信息：Canon EOS 5D Mark II和EOS 50D都使用EF 16-35mm F2.8L II USM的超广角端，Av模式，F8，相片风格：风景，但因感光元件画幅不同，EOS 50D拍摄的图像范围较小。

风景写真的优秀镜头推荐

	Canon EOS 5D Mark II	Canon EOS 50D
广角镜头	Canon EF 16-35mm F2.8L II USM Canon EF 17-40mm F4L USM	Canon EF-S 10-22mm F3.5-4.5 USM Tamron SP AF 10-24mm F3.5-4.5 Di II
标准镜头	Canon EF 24-105mm F4L IS USM	Canon EF-S 17-55mm F2.8IS USM Tokina AT-X PRO DX 16-50mm F2.8
长焦镜头	Canon EF 70-200mm F4L IS USM Canon EF 70-200mm F2.8L IS USM	Tokina AT-X PRO DX 50-135mm F2.8 Sigma 50-150mm F2.8 EX DC HSM

有好的光线才有动人风景

掌握最佳光线层次

往往我们欣赏一幅美景照片，自己又恰巧曾旅游过，可能会有“为何我拍不到如此美景”的感慨。其实往往构图的时候，光线的因素非常重要。大师拍照会选择最恰当的时间与天气，甚至一而再再而三的探访，只为最佳的天气配合。在旅游摄影时，也应收集详尽资料，预先计划早晨或下午前往拍摄，以获得顺光或侧光拍摄。

顺光带点侧面光，能呈现最佳的远近层次，是漂亮风景的决定因素。逆光拍摄难以表现颜色鲜艳的感觉。

如果遇到阴雨天难免扫兴，不过对于红叶主题等风景摄影，利用对比度和饱和度的加强，却也能展现有异于大晴天高反差画面的另一种美。

顺光环境

拍摄信息：Canon EOS 50D，EF-S 10-22mm F3.5-4.5 USM，Av模式，F11，相片风格：风景，ISO 400。

逆光环境

阴天气候

上图拍摄信息：Canon EOS 50D，EF 24-105mm F4L IS USM，Av模式，F8，相片风格：风景，ISO 200。

左图拍摄信息：Canon EOS 50D，EF-S 10-22mm F3.5-4.5 USM，Av模式，F8，相片风格：风景，ISO 100。都摄于京都清水寺，摄影：Bill。

风景摄影的基本功：注意景深与相片风格

Canon EOS 5D Mark II、EOS 50D共享

专家的拍摄设定

拍摄模式	镜头选择	光圈大小	快门速度	对焦点选择
光圈优先	广角镜头	F8~16	自动	中央对焦点

白平衡	感光度	对焦及驱动模式	照片风格	测光
自动	ISO100~200	单张 单次对焦	风景	评价测光

相片風格	◐,◑,♣,◐
S 標準	3,0,0,0
P 人像	2,0,0,0
L 風景	4,0,0,0
N 中性	0,0,0,0
F 忠實	0,0,0,0
M 單色	3,0,N,N
INFO. 詳細設定	SET OK

相片风格是决定整张图像色调的重要因素。别忘了设定在“风景”相片风格再开始拍照哦！

广角镜头呈现宽阔气势

由于人的视觉关系，风景摄影一般采用横幅构图。选择适当的广角镜头才有足够的视角，能将宽阔的景物摄入。

绝大多数的风景写真应该是以横幅构图来表现，因为这样可以展现宽阔感觉、绵延不绝。但遇到现场景物前后安排恰当，或是超高建筑等，以直幅构图也可表现源远流长，增强立体感。

缩小光圈获得较长景深

光圈与景深的关系，我们在前一章节“人像摄影”已经清楚了。风景摄影因为多半要表现前景、主体和背景的层次与延伸感，需要较长的景深，因此建议使用F8至F16的较小光圈，同时这也是镜头素质较为锐利的光圈数值。

“标准”相片风格 / 内置

“翠绿”相片风格 / 下载

拍摄信息：Canon EOS 5D Mark II，Canon EF 24-105mm F4L IS USM，Av模式，F11，1/160秒，ISO 200，RAW格式，东京台场。

以长焦镜头凸显主体、去芜存菁

拍摄信息：Canon EOS 5D Mark II，Canon EF 24-105mm F4L IS USM，Av模式，F5.6，1/1000秒，ISO 200，横滨海洋公园。

专家的拍摄设定

拍摄模式	镜头选择	光圈大小	快门速度	对焦点选择
光圈优先	长焦镜头	F4~5.6	自动	中央对焦点

白平衡	感光度	对焦及驱动模式	照片风格	测光
自动	ISO100~200	单张 单次对焦	风景	评价测光

寻找身边令人感动的小事物

风景摄影一定都是超广的视野，琳琅满目令人目不暇接吗？大景物固然令人兴奋，但旅行途中一定会有更多令人感动或觉得新鲜的小事物。

从自己的身边开始吧！寻找惹人怜爱的小东西，也训练自己的观察敏锐度。改用标准镜头甚至是长焦镜头（如小小白或小白），紧缩视野只留下关注的主体，哪怕是一朵小花，或超可爱的玩偶。

背景的处理也很重要，找主体和背景可以对比的拍摄角度，例如主体是红花，就要找出绿叶作为背景或暗部为底。

光线的角度最好是侧面光或顺光，可以获得较艳丽的色调。

广角镜头也可以拍出浅景深！只要尽量接近主体拍摄。拍摄信息：Canon EOS 5D Mark II，Canon EF 24mm F1.4L USM，Av模式，F2，1/640秒，ISO 100，摄影：Bill。

超广角镜头可容纳宽阔的景物，但要留意画面中是否过于杂乱，去芜存菁才是一张好照片。

远交近攻成为红叶摄影高手

造访红叶故乡

不论你钟情何处，秋枫时节背着行囊去探访红叶的故乡吧！

EOS 5D Mark Ⅱ一机两镜推荐EF 17–40mm F4L USM和EF 24–105mm F4L IS USM；EOS 50D则搭配EF–S 10–22mm F3.5–4.5USM和EF 24–105mm F4L IS USM最佳。

无滤镜

左图拍摄信息：Canon EOS 50D，Canon EF-S 10-22mm F3.5-4.5 USM，M模式，F22，1/2秒，ISO 100，RAW格式，中津川溪谷。

掌握侧顺光和控制对比度

直接逆光的话无法表现红叶的质感。最好的光线是顺光或侧面光，阴雨天也可以拍红叶。

大太阳下可以利用偏光镜加强蓝天。也可以减少叶子的反光让色调更饱和。如果遇到高对比度的情况（如左图），可以使用半面减光镜将亮部减光，拉近对比度就可以获得完美的鲜艳色调。

拍摄信息：Canon EOS 50D，Canon EF 70- 200m F2.8L IS USM，Av模式，F2.8，1/60秒，ISO 100，RAW格式，中津川溪谷。

拍摄信息：Canon EOS 50D，EF-S 18-200mm F3.5-5.6IS，Av模式，F8，1/25秒，ISO 100，RAW格式，日本里磐梯，使用半面减光镜。

拍摄诀窍：广角镜头表现前景、主体和背景；长焦镜头营造浅景深的层次感。

利用特殊镜头的畸变制造趣味

拍摄信息：Canon EOS 5D Mark II，Canon TS-E 24mm F3.5L，M模式，F4，1/80秒，ISO 400，RAW格式。

摇头摆尾的移轴镜头

用这支镜头拍照时，曾有人问我：你的镜头怎么歪掉了？

Canon有三支移轴镜头，都只能手动对焦，较多人拥有的是这支TS-E 24mm F3.5L。广角镜头容易产生的倾倒现象，可经由它的“偏移”校正（或反方向调整因而更夸张）。

“倾角”功能可以控制景深在极浅或极深的状态，制造超出人眼视觉的图像。

超广角镜头也来歪一下

5D Mark Ⅱ搭配EF 16–35mm F2.8L Ⅱ USM或50D搭配EF–S 10–22mm F3.5–4.5 USM都能拍摄到相当于16mm焦距的超广角视野。

既然超广角在仰角拍摄时会有景物倾倒的畸变现象，那干脆头再歪斜一下让地平线也倾斜，就拍出了任何人都会多看一眼的趣味照片。

拍摄信息：Canon EOS 50D，Canon EF–S 10–22mm F3.5–4.5 USM，F8，1/15秒，ISO400，摄影Bill。

5-3 晨昏夜景篇

进度21/24

图文 / 摄影家手札站长STD

白平衡是色彩魔法师！

Canon EOS 5D Mark Ⅱ、EOS 50D共享

尝试不同的白平衡设定

在本书各章节我们都提到过白平衡跟图像整体色调有绝对关系。但在晨昏夜景主题，白平衡的操控更加戏剧化。

日落前尝试“阴影白平衡”：超过5500K的色温度设定将会加强黄红色调，例如以阴天或阴影白平衡拍照时会偏黄；因此在表现日落西山的景致时，利用阴影白平衡会更有感觉。

日落后和夜景尝试“白色荧光灯白平衡”：在白天使用白色荧光灯白平衡会整体偏蓝，感觉怪异；但在日落后火烧云或夜景摄影时，白色荧光灯白平衡会保留画面中的红色调，让原本色彩黯淡的区域转为蓝色调，因此色彩缤纷，美不胜收。

荧光灯白平衡

日光白平衡

阴影白平衡

拍摄信息：Canon EOS 5D Mark II，Canon EF 24-70mm F2.8L USM，Av模式，F8，1/160秒，相片风格：风景，ISO 100，RAW格式

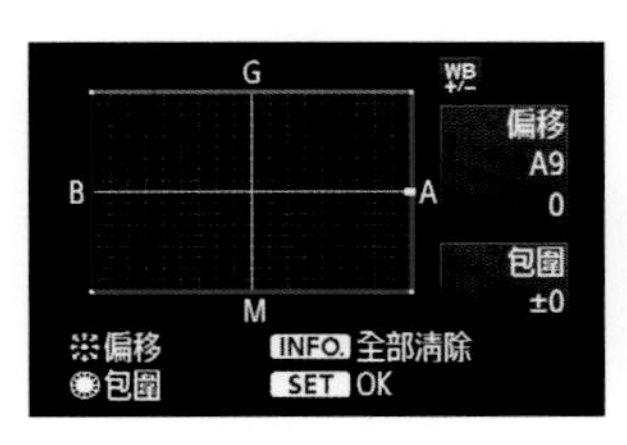

专家的拍摄设定

使用白平衡偏移

Canon各级DSLR除了白平衡有多种设定之外，还有白平衡偏移功能，5D Mark II和EOS 50D也不例外。

什么时候应该要使用白平衡偏移？当改变白平衡设定还是无法完全表现我们所要的色调时，白平衡偏移可以加强所需要的色彩。

例如以白色荧光灯白平衡拍摄日落后景色时，如果觉得火烧云不够饱和，可以将白平衡偏移向A(红色调）或M（洋红）或者两者同时。

当然拍摄时最好以RAW格式记录，则能在DPP软件中重新修改。

下载新的相片风格，挑战横滨夜色！

拍摄夜景时最好将"长时间曝光减噪"设定在"自动"，快门速度过慢时相机会自动进行减噪，例如曝光8秒后，还需要另外8秒钟减噪。

拍摄信息：Canon EOS 5D Mark II，Canon EF 24-105mm F4L IS USM，M模式，F16，8秒，ISO 200，RAW格式，白色荧光灯白平衡，横滨港。

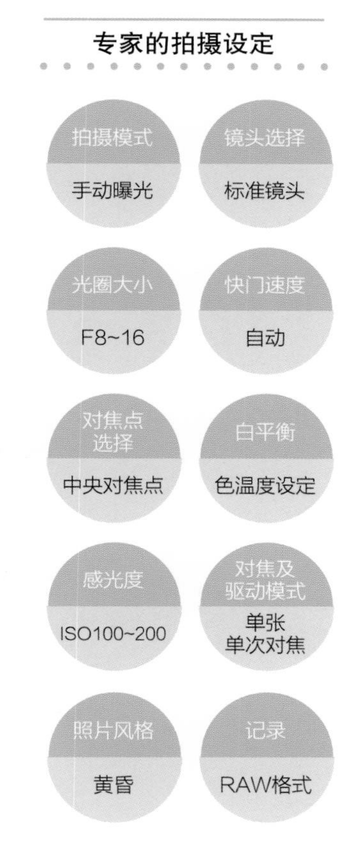

可利用Live View的网格线确认水平面

每次站在横滨港大栈桥头，目睹大自然为我们上演的灯光秀，总是激动不已。

尝试使用由Canon网站下载的新的相片风格：Twilight(黄昏)，此风景相片风格多了几分神秘与静谧感觉。

晨昏的高对比度补偿，经验上日落前因为光线还比较强，使用半面减光镜；日落后快门慢至2秒以上，则可以使用黑卡进行亮部减光控制。但本页拍摄的景致因为有水面反射的关系，事实上并不需要黑卡。

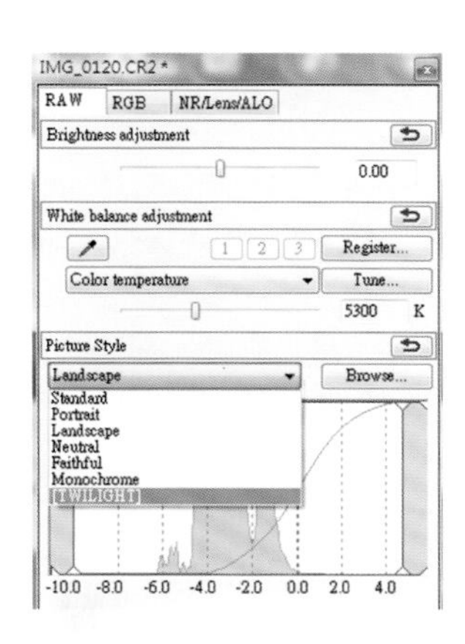

逆光晨昏照片要开启高光色调优先

Canon EOS 5D Mark Ⅱ、EOS 50D共享

上面两图共同拍摄信息：Canon EOS 5D Mark Ⅱ，Canon EF 24-105mm F4L IS USM，Av模式，F16，1/5秒，曝光补偿+2/3EV，ISO 200，RAW格式。

自选功能C. FnⅡ-3

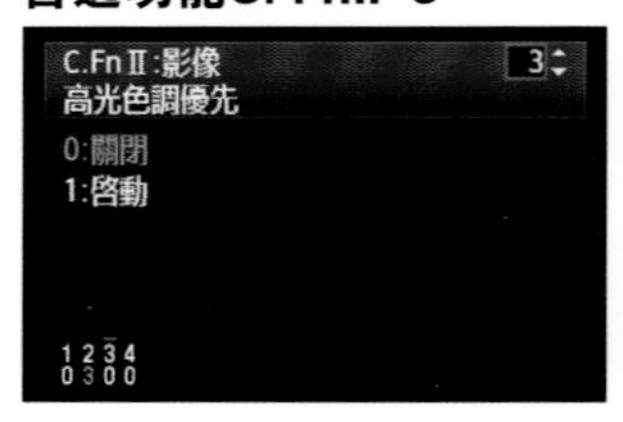

播放画面：关闭高光优先

播放画面：开启高光优先

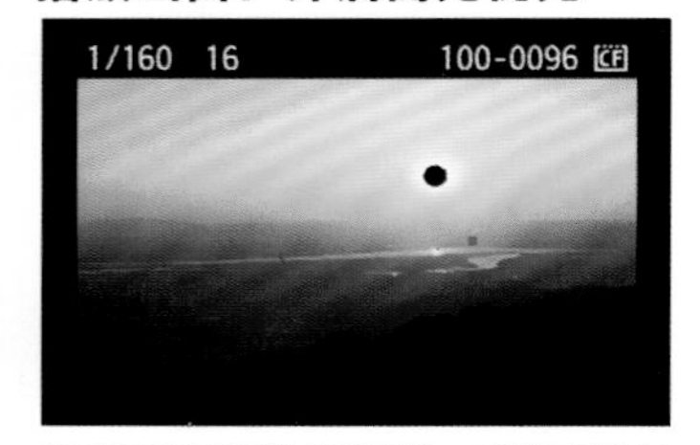

反白区域表示过亮区域。启动高光色调优先的落日高亮度区域较小。

专家的拍摄设定

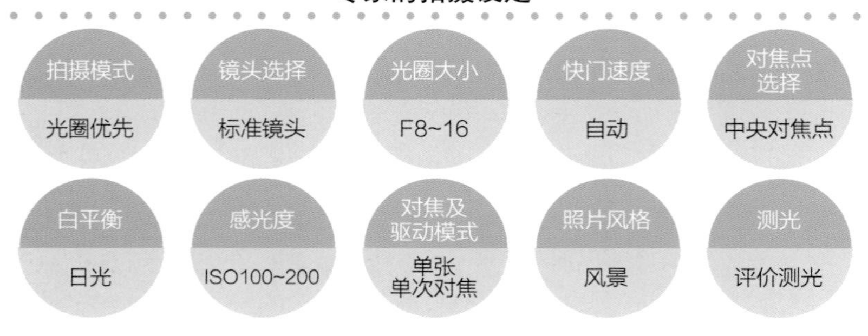

高光优先可避免断阶

5D Mark II与EOS 50D都配备了最新一代DIGIC 4数码图像处理器，进一步改良及强化的演算法，达到精密的14位元类比／数码转换能力，确保优秀亮丽的色彩重现，令渐变层次更加自然顺滑。与12位元转换的4,096色的同等级其他品牌相机相比，新的处理器可产生16,384色。

拍摄落日等强烈逆光环境时，建议开启高光优先。从标准18%灰度到最明亮区域的阶调会更细致。可减轻断阶的现象；不过感光度范围限制在ISO 200–3200。

晨昏摄影测光要领

初学者经常会有拍摄晨昏照片不知如何测光的问题。

DSLR面对大逆光（太阳直射）画面，中央又是高亮度区域时往往会有曝光不足的情形。建议采用评价测光，视情况将曝光补偿定为约+2/3~1级则会有较为满意的曝光结果。

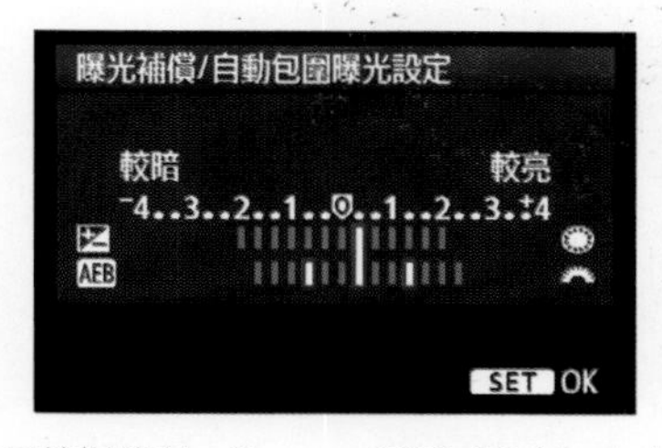

共同拍摄信息：Canon EOS 5D Mark II，Canon EF 24-105mm F4L IS USM，Av模式，F11，包围曝光，ISO 200，白色荧光灯白平衡，莲池潭。

闪光灯的运用要领

进度24/24

特别邀稿
摄影学园 站长 Herman

内置闪光灯的理解与运用

EOS 50D本身内置一个GN值为13的闪光灯，在光线不足时可以用来照明主体，户外拍摄人像时添加眼神光，或是用在暗处对焦不易的环境中，辅助EOS 50D完成对焦。

这个内置闪光灯在EOS 50D的基本拍摄区中，会自动弹起（风景、运动及闪光灯关闭模式除外）。而在创意拍摄区中的运用情况，我们帮大家整理了一个表格如下：

拍摄模式	机身设定与闪光灯运用
P	适用于全自动闪光灯摄影。快门速度(1/250秒－1/60秒)及光圈会自动设定
Tv	使用者可以在闪光灯同步速度以内，设定所需的快门速度(1/250秒－30秒)。闪光灯曝光将会根据自动设定的光圈进行自动设定
Av	使用者可以自行设定所需的光圈。闪光灯曝光将会根据设定的光圈进行自动设定。而快门速度将自动设定为1/250秒－30秒以配合场景的亮度
M	使用者可以在闪光灯同步速度以内设定快门速度(1/250秒－30秒、B快门)及光圈。闪光灯曝光将会根据设定的光圈自动设定。背景曝光会因快门速度及光圈而异
A-DEP	闪光灯效果与P模式相同

内置闪光灯的照明能力

GN值为13的内置闪光灯照明能力如何？照明的能力会因为镜头的光圈、机身设定的感光度不同而有所不同，以下是内置闪光灯照明能力的表格，请大家参考。

内置闪光灯的照明能力

单位：米/尺

光圈	ISO感光度							
	100	200	400	800	1600	3200	H1：6400	H2：12800
F/3.5	3.7/12.1	5.3/17.4	7.4/24.3	10.5/34.4	14.9/48.9	21.0/68.9	29.7/97.4	42.0/137.8
f84	3.3/10.8	4.6/15.1	6.5/21.3	9.2/30.2	13.0/42.7	18.4/60.4	26.0/85.3	36.8/120.7
f/5.6	2.3/7.5	3.3/10.8	4.6/15.1	6.6/21.7	9.3/30.5	13.1/43.0	18.6/61.0	26.3/86.3

善用内闪曝光补偿，拍出自然人像

很多人不喜欢使用内闪补光的原因，是因为拍起来的人像会显得过白。如果想要避免过白，秘诀就是使用内闪曝光补偿，控制内闪的功率，看起来就会自然些。内闪曝光补偿与一般曝光补偿设定方法相同，使用者可以1/3级为单位设定曝光补偿至±2级。

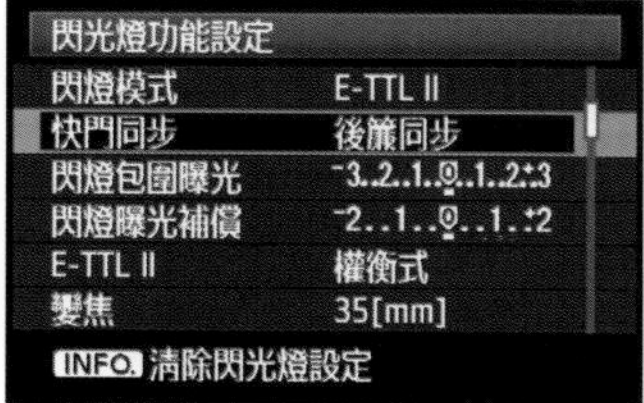

未补光

内置闪光灯补光

内置闪光灯-0. 3EV补光

闪灯补偿 +1/3EV

闪光灯曝光补偿的操作

要设定闪光灯的曝光补偿，先按下机顶LCD旁的闪灯曝光补偿设定键①，再拨动机背上的大转盘②，补偿效果可以从拍好的LCD上预览。

内置闪光灯补光未补偿

拍摄信息：Canon EOS 5D Mark II，F5.6 1/30秒，100mm ，ISO100，评价式测光，+0.3EV，相片风格：人像。

内置闪光灯不够用了

如果你在使用内置闪光灯照明时，发现画面的下方有不明的暗影，表示内置闪光灯的光线被镜头遮到了，此时应取下镜头的遮光罩，如果仍无法避免，可能要换口径及体积比较小的镜头来拍摄，或是装置外置闪光灯使用。

特别邀稿
摄影学园 站长 Herman

外置闪光灯的运用

Canon EOS 5D Mark II、EOS 50D共享

Canon速度旗舰及画质旗舰，闪光灯的操作界面，比上一代进步了许多，让闪光灯爱好者的我感到十分的开心，在此我们对有关闪光灯设定的部分加以说明。

内定的设定是“启动”，在“启动”的状况下，只要把内置闪光灯弹起或是装置外接闪光灯时，闪光灯均能正常发光。设定为“关闭”时，内置闪光灯或是外置闪光灯均不会闪光，但会发出辅助对焦的光线，以协助相机在暗处对焦。

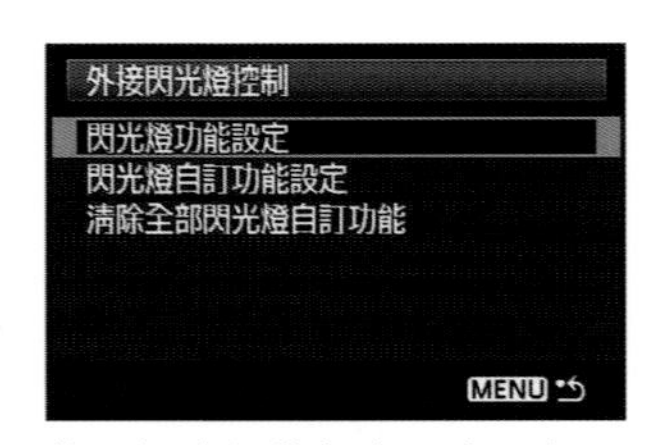

外置闪光灯的复杂设定，都可以在Canon EOS 5D Mark II的闪光灯菜单内搞定，通过清楚的菜单，方便闪光灯使用者快速设定。

内定的设定是“前帘同步”，闪光灯会在按下快门的同时闪光，如果是“后帘同步”，闪光灯会闪二次，在按下快门时会先闪一次，而快门关上之前会再闪一次。

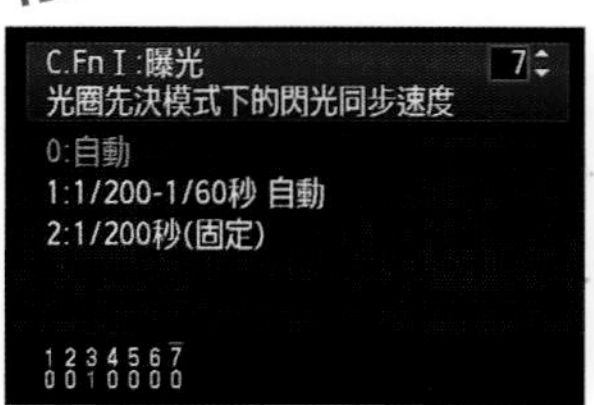

在个人风格设定C.Fn Ⅰ 第7项内，内定值为0，在光线不足的场合，快门速度会一直下降。如果要避免手抖，可以设定为1。

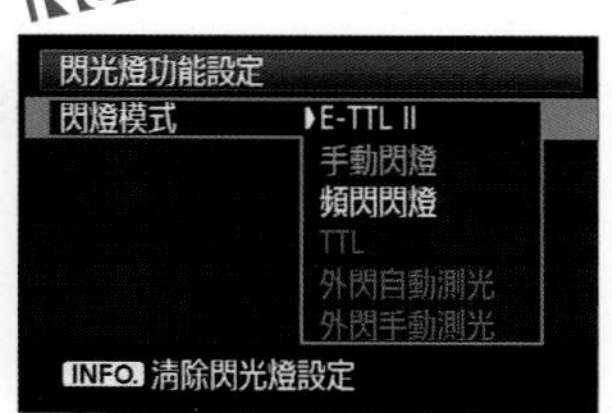

闪光灯模式新增了多项选择，一般的状况下选择E-TTL II即可。如果想要玩出更多的闪光灯创意，可以试着设定为“手动闪光灯”。

无线外接闪光灯

Canon EOS 5D Mark II与50D的新增功能

从此，Canon的相机上也可以进行离机引闪的设定了！使用者把580EX II的外置闪光灯装上机身后，不必再从闪光灯上去做操控。通过相机上的闪光灯设定菜单，便可以轻松的搞定外置闪光灯。

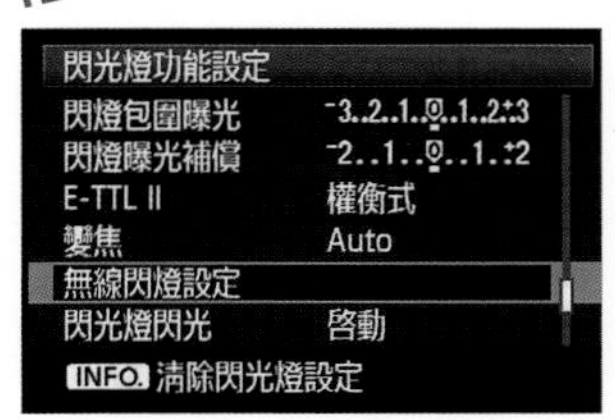

Canon的用户们可以在机身内进行无线闪光灯设定，请由闪光灯功能设定的菜单内进入。

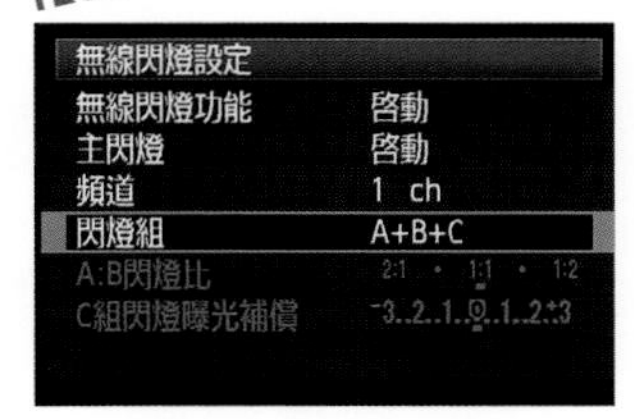

在无线闪光灯设定功能表内，如果要使用无线闪光灯，请启动无线闪光灯功能。最多可以对三组外置闪光灯设定功率。

白天离机引闪补光实例

没有什么工具会比闪光灯更适合用于白天的补光了。反光板对于大多数的人像摄影爱好者来说，是更容易入门的补光工具，但是操作及携带都不方便。如果是自己一对一的拍照活动，或是和家人出游，选择一支优秀的外置闪光灯随身，在必要的时候补光一下，是最方便的选择。

范例的拍摄模式，使用了两支580EX II。一支位于机顶，由机身内的菜单设定主闪光灯为“关闭”，也就是命令发射器。另一支用灯架架设于模特一侧，负责主要的照明。拍摄时可以把相机设在Av，也就是光圈优先模式，而闪光灯模式设定成TTL即可。

现场实况

拍摄信息：Canon EOS 5D Mark II，Av模式，F4，1/60秒，EF 24-70mm F2.8L USM，ISO100，评价式测光，相片风格：人像，模特 摄影学园 Sariah，三芝蔚蓝海岸，使用580EX II闪光灯补光

ST-E2

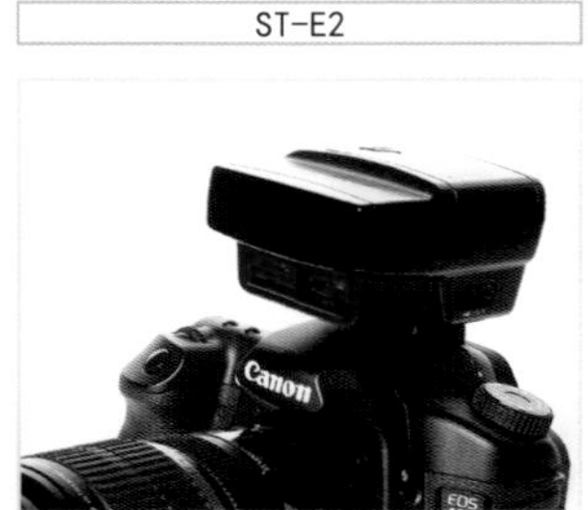

OC-E3

这些也可以用来离机引闪！

除了用580EX II来进行离机引闪的操作之外，Canon也为闪光灯的爱好者们设计了两样可以用来进行离机控制的闪光灯配件，分别是无线遥控的ST-E2及60厘米长的离机线OC-E3，ST-E2除了当离机引闪的命令发射器之外，也可以用来辅助对焦。

超高像素全画幅数码单反争霸战！

Test. 1 [规格]

Nikon D3X　Canon 5D Mark II　SONY α900

2008 12月发售　2450万 CMOS　单机身 62700元

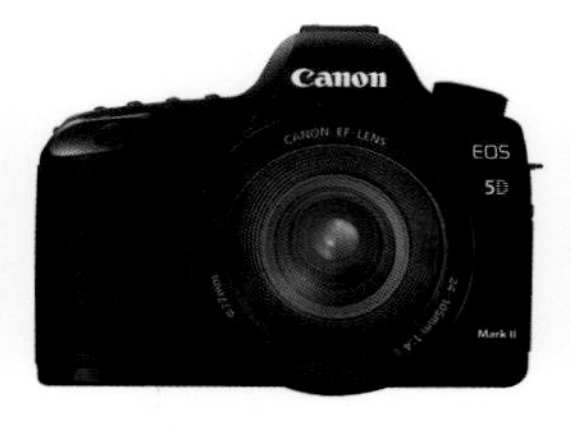

2008 10月发售　2110万 CMOS　单机身 17950元

2008 10月发售　2460万 CMOS　单机身 20000元

	Nikon D3X	Canon 5D Mark II	SONY α900
CMOL尺寸	35.9x24mm	36x24mm	35.9x24mm
最高分辨率	6048x4032像素	5616x3744像素	6048x4032像素
取景窗放大率	0.7X	0.71X	0.74X
对焦点数	51点	9点（全部十字型感应）	9点
测光方式	1005像素RGB矩阵测光II／中央重点／点测光	35区评价测光／中央重点／局部／点测光	40分区测光／中央重点／点测光
ISO值	100-6400	100-25600	100-6400
液晶屏幕	3英寸、92万点	3英寸、92万点	3英寸、92万点
最速快门	1/8000秒	1/8000秒	1/8000秒
闪光灯同步	1/250秒	1/200秒	1/250秒
机顶闪光灯	无	无	无
连拍速度	5张／秒(FX格式) 7张／秒(DX格式)	3.9张／秒	5张／秒
最大连拍数量	44张Fine JPEG档或22张RAW格式	78张JPEG或13张RAW格式	105张Fine JPEG或12张RAW格式
内置除尘	无	有	有
实时显示	有	有，并有静音拍摄模式	无
面部识别	无	可，最多识别35人	无
动画录像	无	Full HD (1920x1080)录像功能	无
AF微调	可	可	可
HDMI输出	可	可	可
内置修图	D-Lighting、画面编修、红眼校正、单色照片、滤镜效果、色彩平衡、影像合成等	无	无
存储卡	CF (UDMA) 双槽设计	CF (UDMA)	Memory Stick Duo与CF(UDMA) 双槽
尺寸	159.5x157x87.5mm	152x113.5x75mm	156.3x116.9x81.9mm
机身重量	1220克	810克	850克
原厂镜头	29只定焦镜、13只变焦镜（FX格式）；其中有8只VR防手抖镜头	35只定焦镜、21只变焦镜（EF系列）；其中有15只IS防手抖镜头	23只定焦镜、9只变焦镜；具有机身防手抖功能
特殊性能	* 一体成型的旗舰机，防尘防水最完善 * 评比机型中唯一可以进行图像合成的机型 * 电力消耗相当节省，一枚EN-EL4a电池最多可以拍摄4400张图像	* 世界第一部可Full HD高画质摄像的数码单反相机，内置麦克风也可外接麦克风。摄像中还可进行自动对焦，也可在中途拍摄静态画面 * 高精细液晶屏可根据环境亮度自动调整明暗	* 13种图像风格，每一种都可调整包括对比、饱和度、锐利度、亮度以及区域匹配等参数 * 智慧型预览可以模拟动态范围最佳化、曝光补偿以及白平衡设定，不需实际试拍，就能先在液晶屏上看到模拟的拍摄结果

Test. 2 [数码解像力评比]

三款超高像素旗舰级DSLR的竞赛，就是一次残酷的像素与画质王者保卫战。让我们通过ISO 12233标准数码解像力测试流程，来看看这几部超越2000万像素DSLR的真正图像实力。

测试流程

数码相机解像力测试，是根据日本Olympus公司发表的以ISO 12233数码相机解像力测试图为基准的HYRes 3.1版本，是一套可将数码相机解像力量化的有利工具。

测试条件：每一部DSLR选择标准镜头搭配测试，光圈F8，锐化和色调调整都保持出厂预设值，ISO 100拍摄。

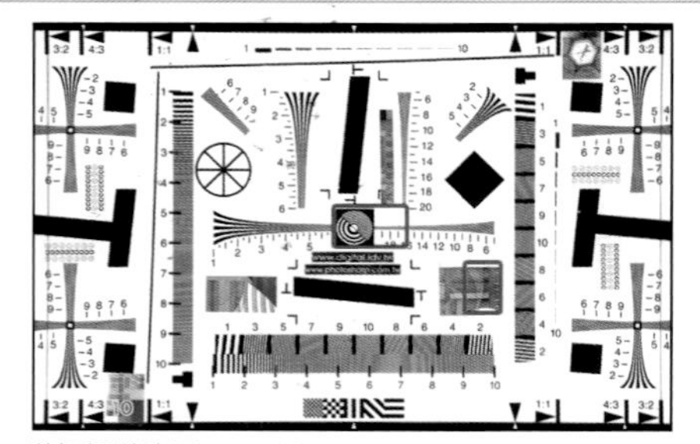

详细解说请看 http://www.photosharp.com.tw/photosharp/Content.aspx?News_No=863

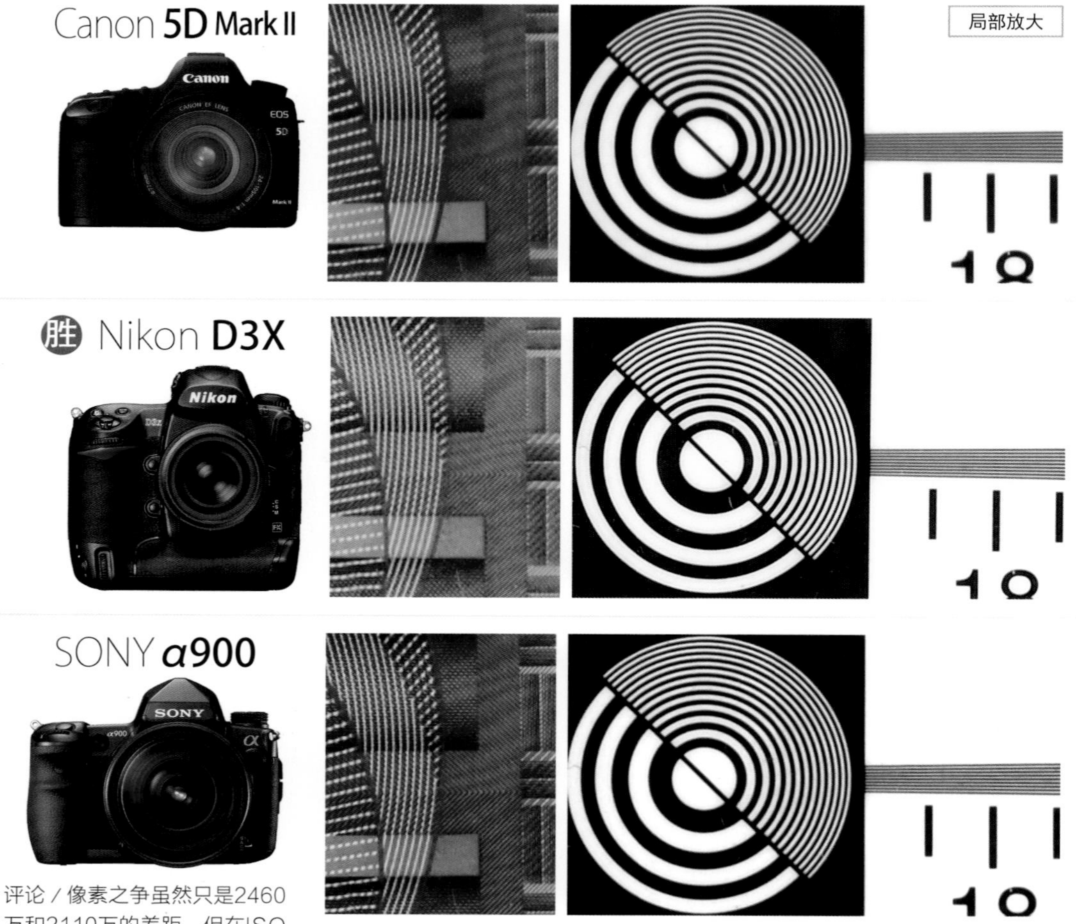

评论／像素之争虽然只是2460万和2110万的差距，但在ISO 12233数码解像力表现还是让D3X以微弱领先获得冠军。

Canon 5D Mark II × Nikon D3X × SONY α900

Test. 3 ［操控性能评比］

胜

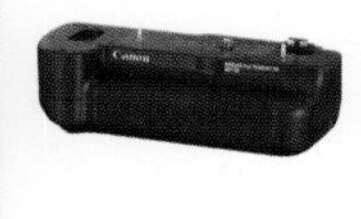

Canon **5D Mark II**

✔镜头防手抖 ✔Live View ✔内置除尘 ✔面部检测 ✘影像合成 ✘机身可遥控离机引闪

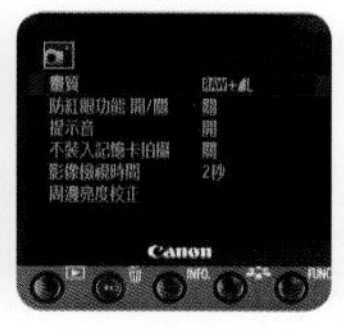
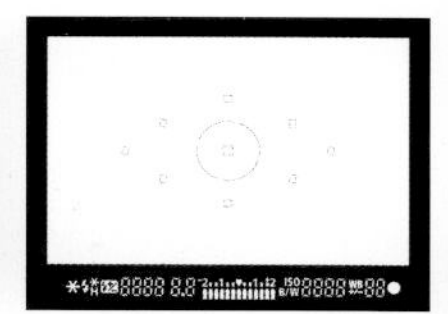

Canon **50D**

✔镜头防手抖 ✔Live View ✔内置除尘 ✔面部检测 ✘影像合成 ✘机身可遥控离机引闪

SONY ***α900***

✔机身防手抖 ✘Live View ✔内置除尘 ✘面部检测 ✘影像合成 ✘机身可遥控离机引闪

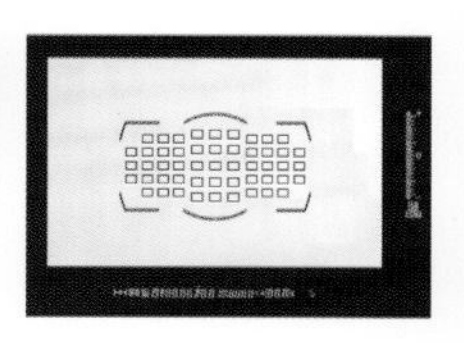

Nikon **D3X**

✔镜头防手抖 ✔Live View ✘内置除尘 ✘面部检测 ✔影像合成 ✘机身可遥控离机引闪

高达2110万像素的5D Mark II在画质菜单有三种尺寸的RAW格式。

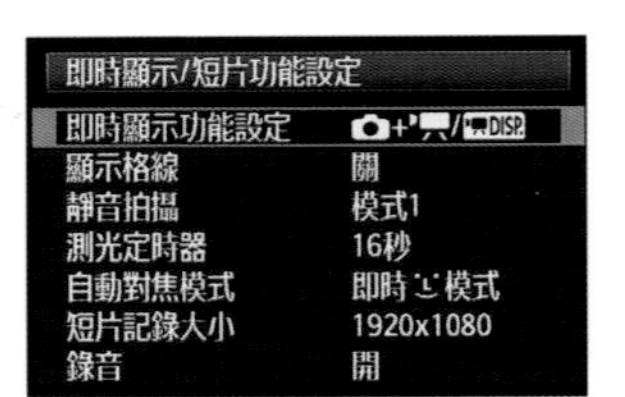

实时显示功能可以显示网格线或采用静音拍摄。录制短片也可以录音。

Live View启动后可以支持面部识别对焦。按下SET键就开始录像功能。

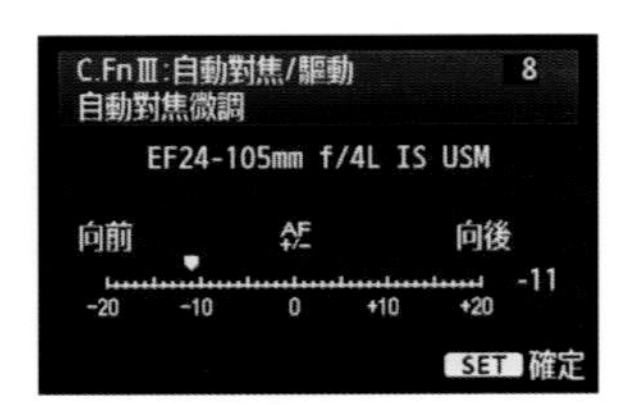

5D没有的AF微调功能，让大光圈镜头的移焦可由使用者自行调整。

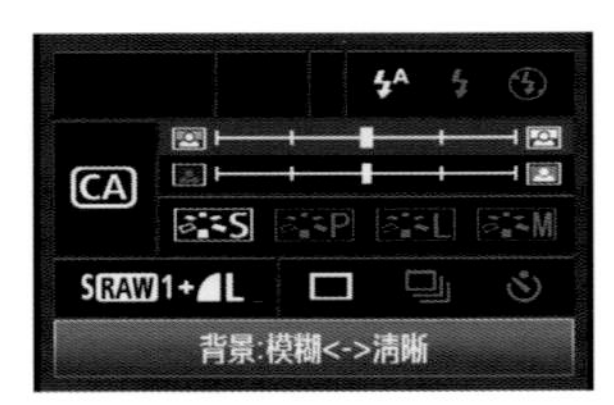

新增“CA”创意自动模式，图像式说明景深、曝光补偿、相片风格等调整。

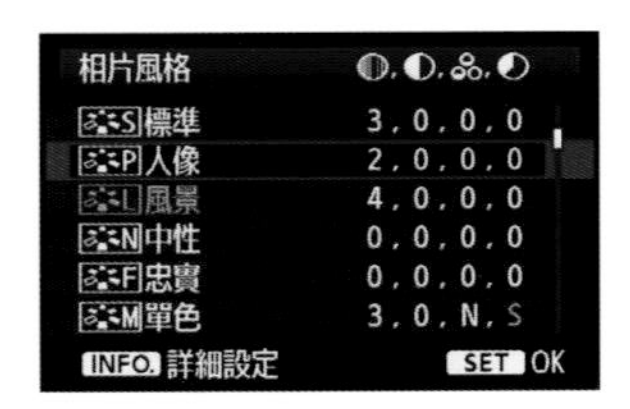

相片风格可自行调整四种参数，另有单色含滤镜模式。

Live View在机背以独立按键启动，支持面部识别对焦。

40D没有、50D才有的AF微调功能，让大光圈镜头的移焦可由使用者自行调整。

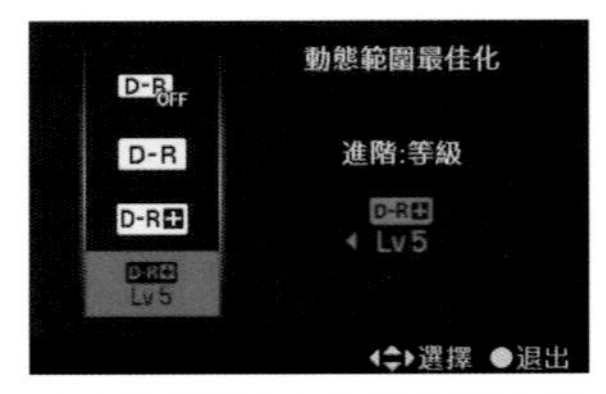

动态范围最佳化可让图像的亮部与暗部在阶调表现上取得最佳平衡点。

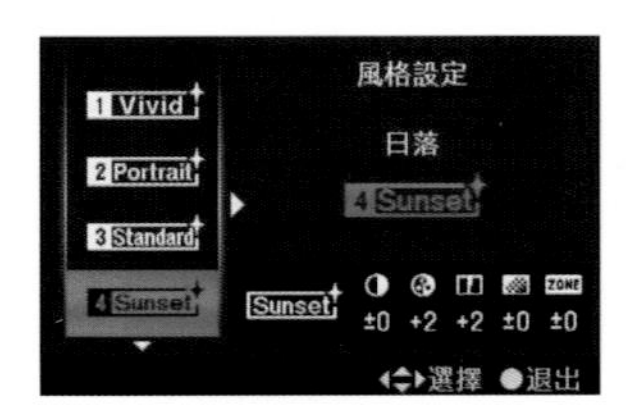

风格可自行调整13种，包括了日落、秋叶、淡色、深色、透明色调。

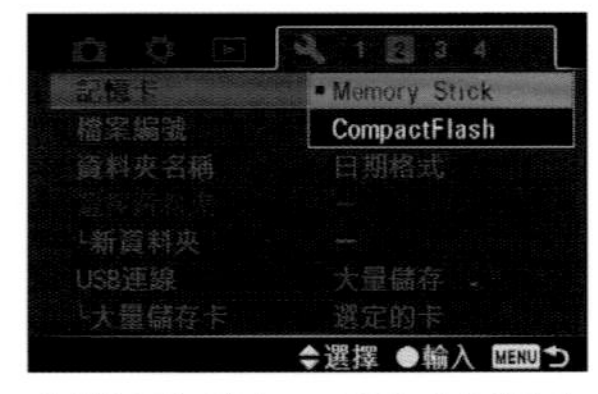

支持双存储卡：CF和MS相容性高。

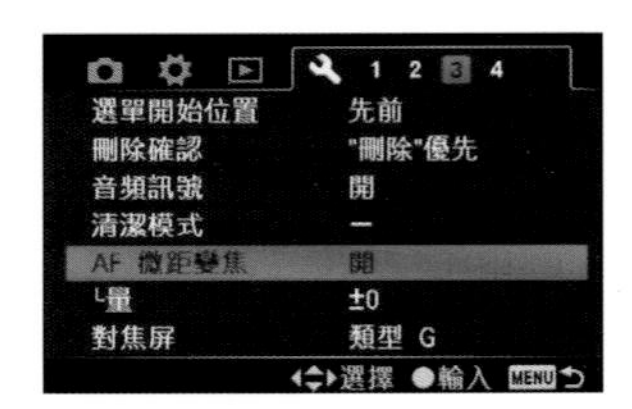

α900像素极高，提供了AF微调对焦的功能，不过实际使用上几乎没有移焦的问题。

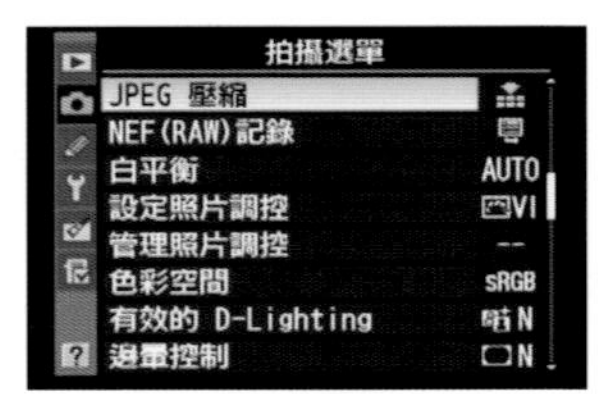

D3X可利用照片调控改变相片色调；边晕控制可校正周边暗角。

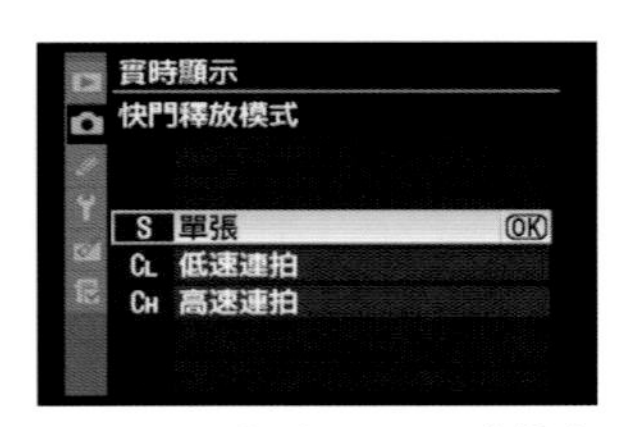

Live View实时显示可设定单张或连拍，不过并不支援面部识别对焦。

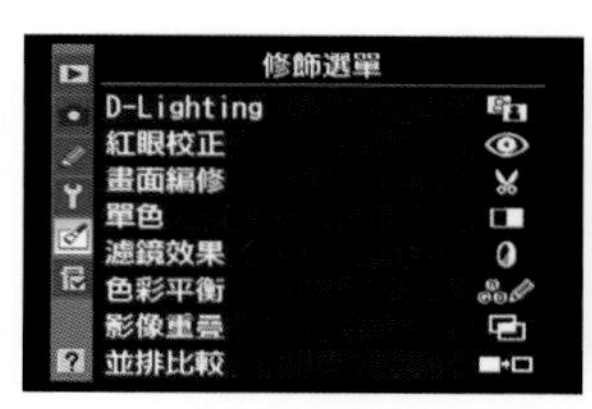

旗舰机内含丰富的修饰菜单，可对拍摄后的图像进行编辑加工。

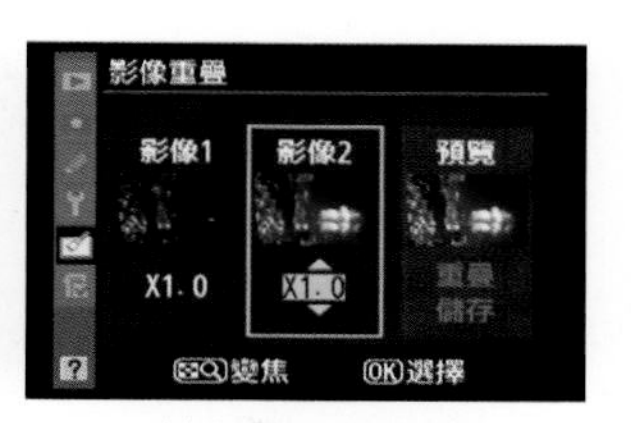

Nikon特有的图像重叠功能，能将不同时间拍摄的RAW文件叠合成一张新的图像。

价格超值、性能领先的5D Mark II

市场上迅速出现Canon/Nikon/SONY旗舰级全画幅DSLR，像素纷创新高，也打破了过去由Canon 1Ds Mark III独领风骚的局面。

既然是代表各家“招牌”的FF数码单反，当然性能是各有千秋。由感光元件的解析度可以大致区分为Canon独家的2110万像素CMOS和SONY开发的2460万像素CMOS，后者同时供应Nikon D3X，但Nikon搭配的EXPEED图像处理则发挥了不同的图像还原能力。

就操控性能而言，旗舰机重视的不外乎是对焦能力和高速运算能力。以对焦点配置和追踪对焦设计来说，Nikon D3X确实具有优势。同时D3X是三款中唯一内置修图能力，可进行包括图像重叠和D-Lighting补偿等实用功能，在拍摄题材的延伸运用上有绝对优势。只可惜价位过高，在初发售时市场接受度受到考验。

从目前主流DSLR的发展来看，Live View配合面部识别这个成熟功能，只出现在5D Mark II，而D3X有LiveView却没有面部识别，SONY α900只有智慧型预览功能。

Nikon D3的超高感光度ISO 25600可惜没有转移到D3X身上，却让5D Mark II在高感光度拍摄领域一枝独秀，因为它也具有ISO 25600，在极端昏暗的环境下仍有机会拍摄低噪点的图像。

最强的应该算是5D Mark II是世界第一部可Full HD高画质摄影的数码单反相机，内建麦克风也可外接麦克风。摄影中还可进行自动对焦，也可在中途拍摄静态画面。这让售价相对较低的5D Mark II可说超值到了极点！

旗舰机的屏幕显示效果可不能差！（还记得1Ds Mark III的机背屏幕只有3英寸23万像素的水准）三款FF机以及EOS 50D都具有3英寸高精细显示屏（92万点解析度），让浏览照片和操作菜单更加舒适。其中又以5D Mark II的显示屏可根据环境亮度自动调整明暗，不论室内室外都可以清晰的浏览照片，深获编辑肯定。

关于旗舰机的垂直拍摄手感，一体成型的D3X拥有最佳的垂直操控和密不透风的专业防尘防水性能。不过Canon和SONY也都提供了电池手柄，搭配后也可达到相类似的垂直握持手感。电池时间也相当重要，常温下充满电池，5D Mark II可拍摄约850张，α900约可拍摄880张（实际使用因为需要浏览照片无法达到），D3X最强，可以拍摄4400张！

备注：P.72所指“机身可遥控离闪”功能，因为三款FF机都没有机顶闪光灯，只有搭配各家的外闪，才能由外闪发出遥控讯号。

Test. 4 [人物拍摄评比]

Canon 5D Mark II

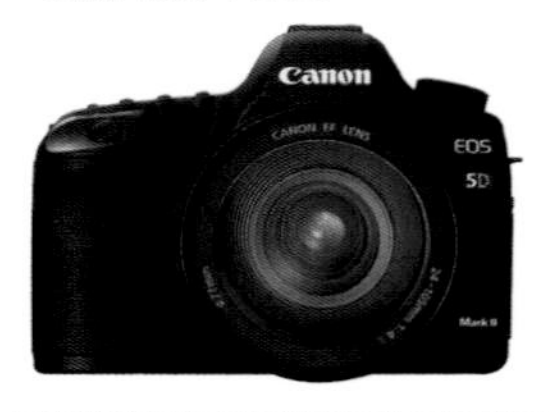

人像相片风格

Canon EF 24-70mm F2.8L USM

Canon向来拥有不错的口碑，人物写真题材是公认的强项。在5D时代就以细致完美的阶调表现赢得人像摄影师的推崇；进化到5D Mark II后，以“人像”相片风格配合EF 24–70mm F2.8L，在不需要RAW格式修改图片的前提下，就呈现粉嫩平滑的连续阶调，白色衣物在5D Mark II的“高光优先”模式下，获得更多的层次表现，避免断阶现象，赢得好评。

Canon 50D

人像相片风格

Canon EF 24-70mm F2.8L USM

同属Canon阵营的EOS 50D，在像素较前代机型EOS 40D大幅提升后，拉近了与旗舰级5D Mark II的距离。但在同样的拍摄环境下，EOS 50D的自动白平衡展现了较为偏红的色调，这使得模特儿的肤色更加迷人，不过仔细比较还是5D Mark II的整体色彩较为自然。EOS 50D也有“高光优先”模式，因此在高亮部区域的层次表现，与5D Mark II差距不大。

测试流程

同场景的人物写真评比部分，我们将各部相机的曝光条件设为相同（光圈值、快门速度、感光度），用各部相机的顶级24–70mm F2.8大口径标准镜头来拍摄。

测试条件：镜头焦距约70mm，多云天气，手动曝光，F4，1/1000秒，ISO 400，自动白平衡，RAW。色调模式：Canon之相片风格：人像；Nikon D3X之照片调控：标准＋1级；SONY α900之风格设定：人物。

SONY α900

人像风格设定

SONY (Zeiss) T* 24-70mm F2.8SSM

SONY α900的色彩表现总是令人惊艳不已。高达2460万像素的CMOS经过独家图像处理器后，还原为自然逼真的图像，在人像色彩模式下呈现较为偏暖的色调，肤色的质感棒极了。SONY与卡尔蔡司联合开发的顶级T* Vario–Sonnar 24–70mm F2.8具有锐度高、色彩对比鲜明、背景柔焦效果优美的诸多优点，拍摄人物甜美。

Nikon D3X

标准照片调控（快速调整＋1）

Nikkor AF-S 24-70mm F2.8G

新开发的Nikon旗舰机D3X，具有2450万像素的超高解析度，不过较为可惜的是原始菜单中并没有“人物”照片可供选用，必须要到Nikon网站去下载。因此我们选择“标准”照片拍摄，且快速调整加一级，以获得较为饱和的图像。虽然空间层次感一流，忠实自然，不过肤色的红润感较低，高亮度区域的断阶现象较为明显。但是D3X的取景窗大而明亮，51对焦点涵盖大范围视野，操控手感极佳；配合纳米镀膜镜头AF–S 24–70mm F2.8G，实在是人物写真的最好享受。

Test. 5 [画质色调评比]

Canon 5D Mark II

立体感极好，不过高亮度区域损失了一些细节。

Canon EF 24-70mm F2.8L USM

Canon 50D

像素较5D Mark II低，在高倍放大下较为吃亏。

Canon EF 24-70mm F2.8L USM

测试流程

同场景的画质色调评比部分，我们将各部相机的曝光条件设为相同（光圈值、快门速度、感光度），用各部相机的顶级24–70mm F2.8大口径标准镜头来拍摄。

测试条件：镜头焦距约70mm，晴天，手动曝光，F16，1/100秒，ISO 400，自动白平衡，RAW。
色调模式：Canon之相片风格：风景；Nikon D3X之照片调控：鲜艳；SONY α900之风格设定：风景。

SONY α900

立体感极优，不过高亮度区域损失了一些细节。

SONY (Zeiss) T* 24-70mm F2.8SSM

Nikon D3X

胜

连续阶调表现最好，D- lighting优化了暗部层次。

Nikkor AF-S 24-70mm F2.8G

Test. 6 [高感光度降噪评比]

测试流程

超高感光度的降噪表现，往往是网络讨论的焦点！在相同曝光条件下，我们分别测试ISO 400至最高感光度，放大局部检查降噪处理差异。红框表示“工作感光度”。

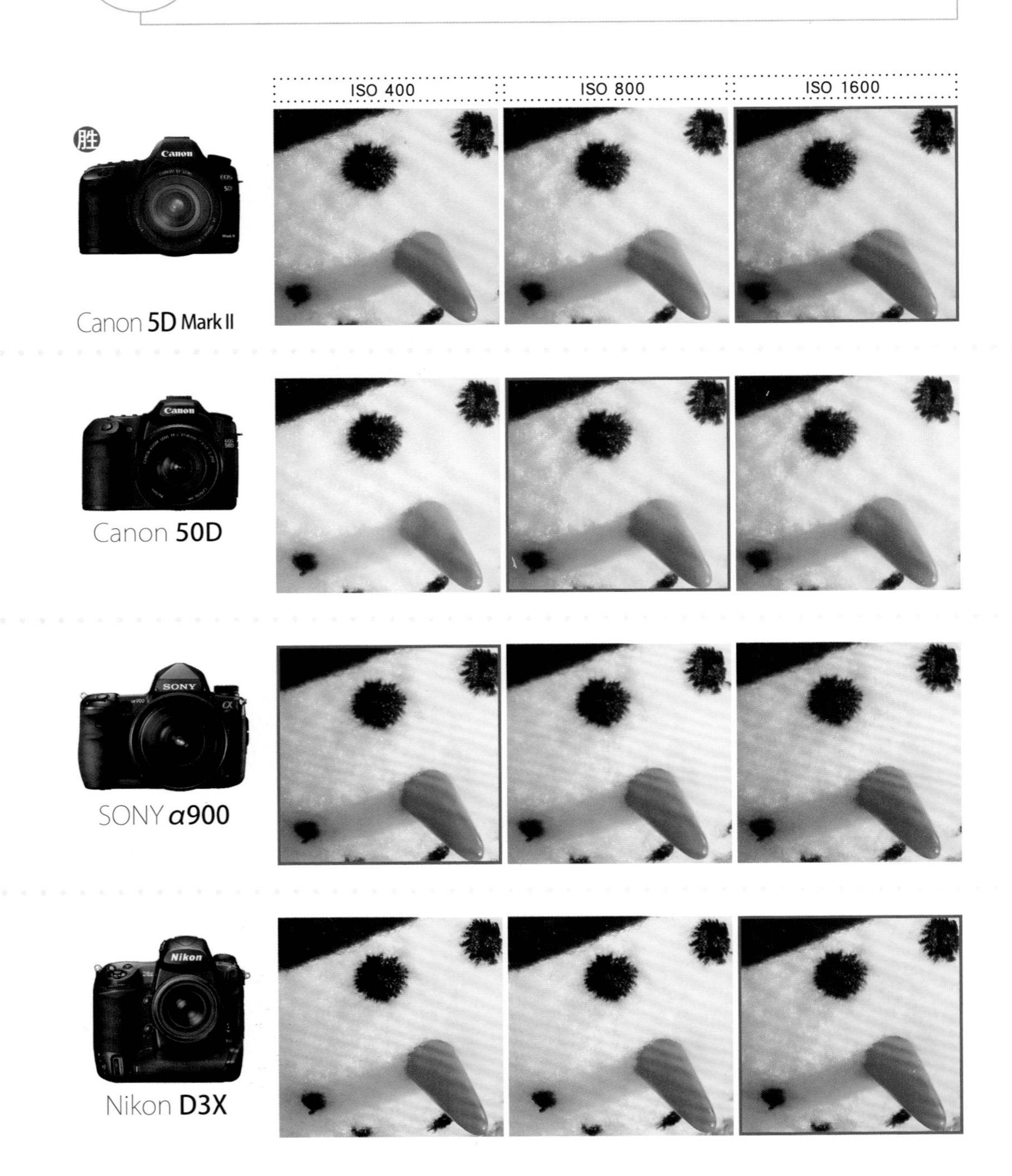

分别拍摄ISO 400至最高感光度（降噪：标准）的静物照片。测试条件：镜头焦距约70mm，单一钨丝灯光源下拍摄，F11，钨丝灯平衡，Large Fine JPEG。色调模式：Canon 5D Mark II/50D相片风格：风景；Nikon D3X照片调控：鲜艳；SONY α900之风格设定：艳丽。

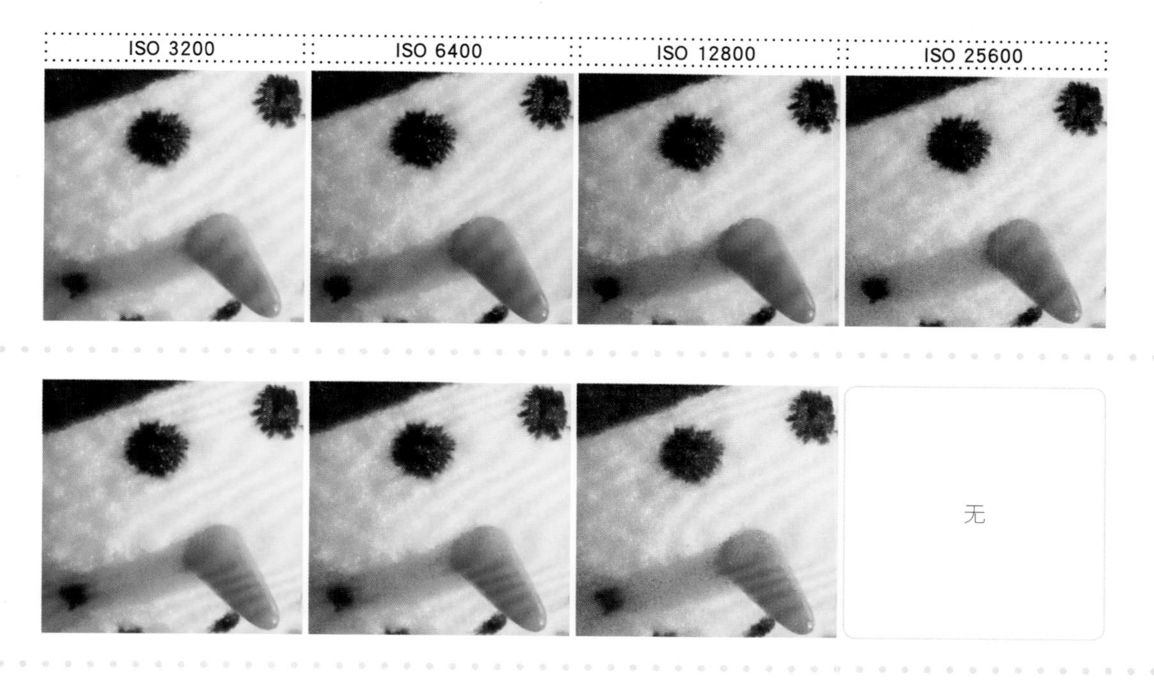

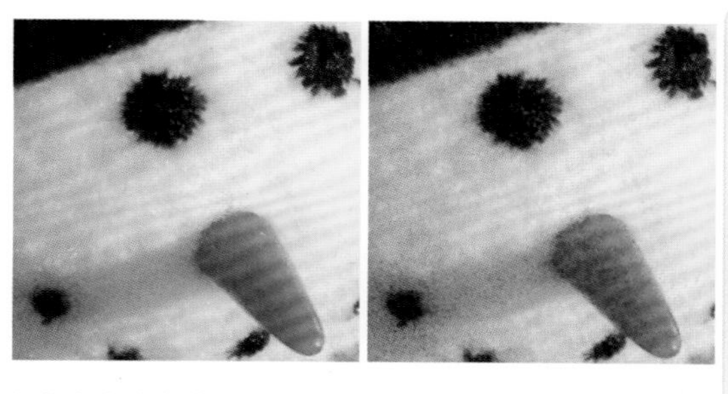

三年前，Canon 5D的高感光度降噪表现就领先群雄，现在搭配DIGIC 4的5D Mark II果然不负众望，在ISO 800仍然没有噪点的产生，再高一级到ISO 1600才稍稍有一些噪点出现在亮部。在光线不足的时候，5D Mark II可以使用ISO 3200而仍能获得令人满意的图像。直到ISO 6400以及更高的感光度，图像的解析度才受到噪点的干扰而下降。

有趣的是搭载类似CMOS的SONY α900和Nikon D3X的高感光度杂光表现有相当程度的差别。α900的工作感光度约在ISO 400左右，α900的ISO 800照片，可以察觉杂色点的产生但尚不至于过度干扰。但D3X的工作感光度约在ISO 800-1600，与1200万像素等级的D3相去不远！

而EOS 50D属于APS-C画幅，也能感觉到画幅大小与画质还是有关联。EOS 50D感光度正常拍摄范围是ISO 100-3200，可以增感两级，在ISO 800只有相当轻微的杂色点，并不会干扰画面，因此工作感光度（画质优异的最高感光度）大约在ISO 640-800。

Final [总结]

Editor's Choice

Canon EOS 5D Mark II

获胜原因：具有创新的普世价值，史上最超值的旗舰机

若要说各家的中端机型比的是Higher Performance under Lower Cost，那么旗舰机型比的则是顶尖科技与人性结合。

Canon/Nikon/SONY这三大相机工业龙头，最出乎意料的是SONY在短短时间的研发竟可以快速的跃上FF机的舞台，并推出世界最高像素FF机型α900。如钢铁般的体魄加上机身内置防手抖和防尘功能，相当亲切的售价赢得了专业摄影师的好评。

其后的Nikon D3X以D3为基础，搭载了2450万像素CMOS，超越同级的3D追踪对焦和影像合成技术等强悍性能，稳居旗舰机之首，可惜售价过高，难免曲高和寡。

Canon 5D Mark II可说是轻取对手，稳操胜券。5D Mark II不只是5D的小改版，严格来说，它比5D x2（两倍）还有过之而无不及。解析度跳升到2110万像素、高解析度可变亮度液晶屏、ISO 25600超高光感度、Live View支持面部识别、HDMI输出，加上“世界第一部Full HD高画质摄影功能DSLR”，摇身一变为旗舰数码单反和旗舰高画质摄影机双机合体，价格又是三款中最低者！套句“大师”的名言：这叫其他家怎么混啊！

Best Lens for
Canon 5D Mark II & 50D
单反镜头推荐
Canon
EOS
5D

Canon EF 16-35mm F2.8L II USM

画质升级的“大三元”新成员

操作与性能 ★★★★★　　数码解像力 ★★★★★
性价比 ★★★　　综合推荐度 ★★★★☆

随着Canon 1D Mark III的发布，Canon同时推出“大三元”超广角镜头第二代：EF 16-35mm F2.8L II USM。搭配5D Mark II可获得超宽广的视野，最适合广角拍摄。

雾黑面的涂装，代表身份的红线，让16-35L II的触摸质感颇佳。转动变焦环，前端镜片组会在镜筒内前后伸缩，这点与17-40L类似。前端滤镜口径加大到82mm，全新设计的莲花型遮光罩型号为EW-88。

镜头接环有防尘防水的橡胶环设计，超声波马达驱动快速安静，最近对焦维持28cm，操作性能仍为五颗星。

16-35L II的光学结构可说是全面的翻新，由原先的10组17片变更为12组16片，使用了三种特殊镜片，包括3片非球面镜片和两片UD超低色散镜片，同时改进了镜片镀膜，有效地抑制鬼影和眩光。

数码解像力测试，16-35L II比第一代的画质提升不少！特别是在超广角端和35mm端，在F2.8光圈开放下，中央部画质就达到优异等级。而在缩小光圈到F8之后，全焦段、全画面都可以再提升对比度，达到一致的顶级素质，甚至在17-40L之上。

规格表

50D对应焦距：25.6-56mm	直径×长度：88.5mm×111.6mm
镜头结构：12组16片	重量：635克
光圈叶片：7片	莲花型遮光罩：EW-88
最小光圈：F22	上市时间：2007年2月
最近对焦距离：0.28m	参考价格：RMB 10109
滤镜口径：82mm	

数码解像力测试

焦段	位置	光圈F2.8	光圈F8
16mm	中央	优异	优异
16mm	周边	良好	优异
24mm	中央	优异	优异
24mm	周边	良好	优异
35mm	中央	优异	优异
35mm	周边	良好	优异

第二代16-35L的周边画质提升，桶状变形轻微，抗眩光能力佳，是广角摄影的绝佳利器。Canon 1Ds Mark III，21mm焦距，光圈优先，F11，1/320秒，ISO 200，RAW格式，瑞士Zermatt Matterhorn。

Canon EF 24-70mm F2.8L USM

全画幅机最奢华的享受

操作与性能 ★★★★★　数码解像力 ★★★★★
性价比 ★★★　综合推荐度 ★★★★☆

Canon在2002年推出EF 24–70mm F2.8L USM以取代EF 28–70mm F2.8L USM，虽然镜头的重量与价位都十分高档，但广角更广、镜身略增长6mm、增添防尘防水等特性，以及无可取代的素质，还是成为Canon用户的梦中情人。

最近对焦距离由50cm大幅缩短到38cm，这使得最高放大倍率改进到0.29倍，搭配50D甚至可达0.46倍，近拍时方便许多。此外，超大莲花型遮光罩、镜头软皮套等配件也随镜附送。操作性能方面，由于24mm焦段的超广角、防尘防水的设计、放大倍率的提升，比28–70L进步不少，获得五颗星满分。

Canon EF 28–70mm F2.8L搭配第一枚大口径的研削非球面镜片，而24–70L不仅第一枚，连最后一枚镜片也采用研削非球面镜片，中间还有一枚UD镜片，并特别加强眩光和暗角的抑制，与全画幅机更加匹配。

对焦移焦的问题，在数年前曾引起讨论，但近年新出厂的EF 24–70mm F2.8L在严格的监管下彻底解决这个问题，经过5D MarkII搭配实测，果然准焦。

畸变控制方面，广角端的桶状变形比较轻微；色调表现，24–70L的反差比28–70L稍高一些。

数码解像力测试，足以证实“镜皇之王”非浪得虚名。中央部分画质全焦段均达到优异水平，而在50mm焦段全画面与标准定焦镜头不相上下。仅在广角端的周边稍柔，整体数据达到惊人的成绩，远远超越满分水准。搭配1Ds Mark III或5D MarkII等全画幅相机使用，享受Canon顶级光学素质的设计，绝对奢华享受！

规格表

50D对应焦距：38.4–112mm	直径×长度：83.2mm×123.5mm
镜头结构：13组16片	重量：950 克
光圈叶片：8片	莲花型遮光罩：EW–83F (内附)
最小光圈：22	上市时间：2002年12月
最近对焦距离：0.29m	参考价格：RMB 9700
滤镜口径：77mm	

数码解像力测试

焦段	位置	光圈F2.8	光圈F8
24mm	中央	优异	优异
24mm	周边	极好	优异
50mm	中央	优异	优异
50mm	周边	优异	优异
70mm	中央	优异	优异
70mm	周边	极好	优异

一支变焦镜能抵得上三支定焦镜的素质，那非24-70L莫属。配合5D II，超明亮的视野令对焦构图成为一种享受；从放大的图像更能感受到镜王的细腻表现。Canon 5D II，70mm焦距，F2.8，快门1/800秒，ISO 200，RAW文件，Model：薇薇。

Canon EF 70-200mm F2.8L IS USM

朝思暮想的顶级长焦变焦镜头

操作与性能 ★★★★★　数码解像力 ★★★★☆
性价比 ★★★☆　综合推荐度 ★★★★☆

若要问Canon迷朝思暮想的镜头是哪一只，相信“小白IS”应该会是人气No.1。优异的光学素质、全能的操控性，加上超贵的价格，让它成为最具话题的镜头之一。

防手抖功能为这只“贵重”的大口径长焦变焦镜提供了优异的便利性。在拍摄人像或生态摄影中需要机动性的场合，省去了使用三脚架的麻烦，而在实际拍摄中，证实了手持在快门1/30秒下，长焦端仍能拍摄清晰的图像。第三代IS技术具有超精度、高速特点，连装载在三脚架上都不用关掉IS。“小白IS”的防尘防水的橡胶接环，搭配1Ds Mark II等旗舰机让安全防护无懈可击。

IS有两段选择：Mode 1是上下、左右都校正抖动，适用于一般拍摄。Mode 2适用于拍摄追踪摄影，仅校正上下方向的抖动。IS系统启用时间差，也由前一代的按下快门后1秒缩短为0.5秒，能更准确的校正画面晃动。

最近对焦距离缩短至1.4m、内对焦固定镜长、三脚架座可拆卸。配上超大莲花型遮光罩，让人像摄影产生一种难以形容的优越感。

“小白IS”拥有4片超低色散UD镜片，改进了长焦端的图像解析度，加上圆形光圈叶片让松蒙感更令人满意。色调表现属于饱和的Canon风味，但不是一味艳丽，在人像拍摄上能得到耐看粉嫩的肤色。

这支镜头虽然价格不菲，然而它使得摄影的乐趣与自在倍增，在光学镜头的开发史上树下了重要的里程碑，因而摄影家手札曾颁给它“2001–2002最佳专业级镜头奖”，实至名归。不论搭配5D Mark II或50D，都是正确的选择。

规格表

50D对应焦距：120–320mm	直径×长度：86mm×197mm
镜头结构：18组23片	重量：1570克
光圈叶片：8片	莲花型遮光罩：（内附）
最小光圈：32	上市时间：2001年9月
最近对焦距离：1.4m	参考价格：RMB 5300
滤镜口径：77mm	

数码解像力测试

焦段	位置	光圈F2.8	光圈F8
70mm	中央	优异	优异
70mm	周边	极好	优异
135mm	中央	优异	优异
135mm	周边	优异	优异
200mm	中央	优异	优异
200mm	周边	极好	优异

拍摄信息：Canon EOS 5D Mark II，F5.6 1/30秒，100mm ，ISO100，评价式测光 +0.3EV，
相片风格：人像。

Canon TS-E 24mm F3.5L

可修正广角倾倒的个性化L镜

操作与性能 ★★★　　数码解像力 ★★★★☆
性价比 ★★★★　　综合推荐度 ★★★★

Canon用户很幸运的有三只移轴镜头可选择：TS–E 24mm F3.5L、TS–E 45mm F2.8和TS–E 90mm F2.8；90mm适合用在商品摄影，而24mm这支移轴镜是唯一一支建筑摄影时修正前倾的L镜，因此也成为本书列入重点的镜头。

金属材质的镜筒，握起来手感一流。前端的红线表示它的身价非凡。由于是移轴镜，只能手动对焦，不过机身仍提供对焦完成确认指示（手动对焦合焦后会有“哔哔”声响）。

一般广角摄影时，景物会向前倒下，镜头的广角越大，前倾的程度越严重。TS–E移轴镜的“偏移”（Shift）功能，能使得前端镜片上下移动，修正前倾现象。不过在作偏移动作时，取景窗中部分区域成为黑影，因此在偏移前要先确定光圈快门，转为手动曝光，才能开始偏移。

至于“倾角”（Tilt）功能，则可将焦平面倾斜，这可以制造画面左右两边夸张的失焦状态，仅剩下中央部分清晰的影像。

TS–E 24mm F3.5L镜片组成为9组11片，包含一片大口径研削式非球面镜片，色散差和歪曲矫正效果良好。最近对焦距离为0.3m，滤镜口径为72mm。

数码解像力测试，在光圈全开下全画面可达良好水准，特别是几乎没有桶状变形问题。缩小光圈至F8后，对比度提升，素质可达到全画面优异程度。

对照：无任何摇摆或偏移时的景物。

规格表

50D对应焦距：38mm	直径×长度：78mm×86.7mm
镜头结构：9组11片	重量：570克
光圈叶片：8片	圆筒型遮光罩：EW–75BII (内附)
最小光圈：22	上市时间：1991年4月
最近对焦距离：0.3m	参考价格：RMB 9900
滤镜口径：72mm	

数码解像力测试

位置	光圈F3.5	光圈F8
中央	良好	优异
周边	极好	优异

使用“偏移”修正Taipei 101摩天楼倾倒的情况。Canon EOS 5D Mark II，手动曝光，F8，1/80秒，ISO 800，白色荧光灯白平衡，RAW格式。

Canon EF 50mm F1.2L USM

超大口径“红线”标准镜头

操作与性能 ★★★★☆　数码解像力 ★★★★☆
性价比 ★★★　综合推荐度 ★★★★☆

Canon过去有一款缔造纪录的EF 50mm F1.0L标准镜头，不过早已停产。继2006年3月发布了EF 85mm F1.2L II USM之后，佳能再度发布了EF 50mm F1.2L USM，虽然二者都是昂贵的红圈定焦镜头，但EF50mm F1.2L的性价比却要更高一些。搭配50D则成为焦距80mm的超大口径人像专用镜头。

外观和操作：硕大的前端镜片，L红线环彰显出它的身价。整体质感与Canon EF 35mm F1.4L或85mm F1.2L II近似。虽然最大光圈达到F1.2，这支标准镜头的USM超声波马达仍能执行高速且精准的AF，且有全时手动对焦的功能。最近对焦距离45厘米，滤镜口径为72mm。

EF 50mm F1.2L镜片构成为6组8片，后端镜片为一片大口径的非球面镜片，加上特殊镀膜，使用在数码相机上可减少镜内有害光线折射问题。圆形光圈叶片让背景虚化相当自然。全开光圈可见有周边暗角，大约缩减光圈一级半可以完全消除。

解像力在全开光圈下中央部可达极好水准，周边则为良好画质。光圈F2时中央已达到优异画质，F4则连周边也达到顶级水准。

Canon有三款50mm定焦镜，分别为50mm F1.0L、50mm F1.4USM和50mm F1.8 II。F1.2L重量恰好是F1.4的两倍，价格却是将近5倍之多。享受超大光圈的标准镜头摄影：无价！

规格表

50D对应焦距：80mm	直径×长度：85.8mm×65.5mm
镜头结构：6组8片	重　量：580克
光圈叶片：8片	遮光罩：ES-78（内附）
最小光圈：22	上市时间：2006年11月
最近对焦距离：0.45m	参考价格：RMB 10500
滤镜口径：72mm	

数码解像力测试

位置	中央	周边
F1.2	极好	良好
F2	优异	良好
F4	优异	优异
F8	优异	优异

全开光圈去享受F1.2的超浅景深，就像邂逅少女情怀般的甜美滋味，不过，超浅景深的副作用就是对焦的掌握，不论是拍摄者的稳定度，或是相机本身的准焦能力，都受到严格的考验。Canon 5D Mark II，光圈优先，F1.2，1/3200秒，ISO 100，自动白平衡，RAW格式，东京台场。

Canon EF 85mm F1.2L II USM

AF性能提升的Canon当家人像新镜皇

操作与性能 ★★★★☆　　数码解像力 ★★★★★
性价比 ★★　　综合推荐度 ★★★★☆

Canon 85mm F1.2L的特有金属镜身质感，在今天已是世间稀有，令人感动的是第二代85L保持了原有的涂装与组装质感。重达1.025公斤、最大直径91.5mm、前端超大口径镜片闪耀着黄绿光镀膜的颜色、加上L镜专有的红线环，第一眼就让人肃然起敬。

7组8片镜片，包含一片研削非球面镜片，以及两片高曲折率镜片。最短摄影距离为95厘米，在放大倍率上略为吃亏。该镜的USM马达，在无电力驱动时，不能转动对焦环来进行对焦，这是与一般的USM马达不同之处。

第一代85L的AF可用“老牛拖车”来形容，因为沉重的镜片加上当时刚刚开发的第一代USM超声波马达，驱动力无法有效发挥。但今天Canon的超声波马达技术已成市场主流，当然第二代的85L也有突破性的改良。实际使用发现，85L II的AF虽然受限于对焦行程（最近对焦距离至无限远）的长度，不过整体AF速度已有相当程度改善，可以用“轻快顺畅”来形容。

如此超大光圈的镜头，在开放光圈最容易出现周边失光现象。但85mm F1.2L在最大光圈下拍摄，周边暗角不是很明显，优于50mm F1.0L。“奶油”般柔和的焦外成像，有别于Canon一贯的锐利鲜艳，却对肤色表现有更好效果。缩小光圈至F2.0以上，画质的细腻也令人印象深刻。

从胶片机时代跨入DSLR的鼎盛期，第二代85L针对数码相机的特点，改良了镜片镀膜，以抑制眩光或鬼影的产生。对于5D Mark II用户来说是一支超梦幻的人像镜。

规格表

50D对应焦距：136mm	直径×长度：91.5mm×84mm
镜头结构：7组8片	重量：1025克
光圈叶片：8片	遮光罩：圆筒型（内附）
最小光圈：16	上市时间：2006年3月
最近对焦距离：0.95m	参考价格：RMB 15000
滤镜口径：72mm	

数码解像力测试

镜头	位置	光圈F1.2	光圈F8
第一代	中央	极好	优异
	周边	极好	优异
第二代	中央	优异	优异
	周边	良好	优异

超浅景深、柔和成像，让这支85mm F1.2L II拍出的人像照片，美得与众不同。和其他Canon定焦镜头的锐利感不同，而是独特的舒服耐看。Canon 5D MarkII，光圈优先，F1.2，快门1/2000秒，曝光补偿+1/3EV，自动白平衡，ISO 200，RAW格式，Model: 摄影家手札特约模特可乐；摄影：吕英志。

Canon EF 300mm F2.8L IS USM

完美画质与操控性能的大口径超长焦镜头

操作与性能 ★★★★★　数码解像力 ★★★★★
性价比 ★★★　综合推荐度 ★★★★☆

还记得Canon的一幅震撼人心的广告——棒球场边一群体育摄影记者人人配备着白色巨炮镜头吗？拥有一支高速对焦与顶级素质的Canon白色大炮超长焦镜头，成为很多Canon迷终生的梦想。

Canon引以为傲的IS防手抖镜头首先由超长焦巨炮开始引领风潮，1997年推出第二支IS镜头EF 30mm F4L IS USM，紧接着1999年推出第三支IS巨炮EF 300mm F2.8L IS USM，具有校正两级快门速度的IS性能，迅速攻占体育和动物摄影者的市场。

搭配5D Mark II等全画幅机型，重达2.5公斤的300mm F2.8L IS USM正好处于一般人手持拍摄的上限。专业级防尘防水的设计能够在严酷环境中使用，内含2片大口径的UD镜片和1片独家的萤石镜片，提供了绝佳画质保证，经过解像力测试，在最大光圈F2.8下，全画面都呈现优异素质水准，真的是一支“F2.8就给它开下去拍”的顶级镜头。

操控性能也没话说，对焦距离可设定在2.5m至无限远、2.5–6.4m和6.4m至无限远。IS模式有两段，另外还可以做焦点预设，以便主体一进入焦点即可迅速切换完成拍摄。

昵称“328”的高人气巨炮镜头，虽然称得上是IS的“始祖”之一，不过覆盖了人物写真、动物生态和运动赛车等题材，加上EF 1.4X II或EF 2X II增倍镜后的机动性，获得编辑的高度评价。

规格表

50D对应焦距：480mm	直径×长度：128mm×252mm
镜头结构：13组17片	重　量：2,550克
光圈叶片：8片	遮光罩：ET–120 (内附)
最小光圈：F32	上市时间：1999年7月
最近对焦距离：2.5m	参考价格：RMB 11290
滤镜口径：77mm	

数码解像力测试

位置	光圈F2.8	光圈F8
中央	优异	优异
周边	优异	优异

Canon 5D Mark II，F1.2，1/4000秒，ISO 100，曝光补偿 -0.3EV. 焦距85mm，模特：王若水，摄影：王俊会。

Canon EF 135mm F2L USM

压缩感、背景虚化优异的长焦定焦镜

操作与性能 ★★★★☆　　数码解像力 ★★★★★
性价比 ★★★　　综合推荐度 ★★★★☆

规格表

50D对应焦距：216mm	直径×长度：82.5mm×112mm
镜头结构：8组11片	重　量：750 克
光圈叶片：8片	遮光罩：ET-78II (内附)
最小光圈：32	上市时间：1996年4月
最近对焦距离：0.9m	参考价格：RMB 740
滤镜口径：72mm	

数码解像力测试

位置	光圈F2	光圈F8
中央	优异	优异
周边	优异	优异

全开光圈拍摄，拥有绝佳的饱和度与背景虚化，全画面的图像效果都十分好。Canon EOS 5D Mark II，光圈优先，F2.0，快门1/2500秒，自动白平衡，ISO200，RAW文件拍摄，摄影：Bill。

Canon中长焦定焦镜，焦段覆盖了85mm、100mm到135mm，共有六支，其中有微距专用镜，也包含两支L镜，除了85mm F1.2L II外，就属这支135mm F2L USM。素质极优，但往往需要伯乐去发掘它。

135mm F2L结实的镜身结构，配上红色“L”环十分抢眼。750克的重量，不像24-70L那样沉甸甸的，5D II用户会觉得平衡感极好。最近对焦距离为0.9m，最大放大倍率为0.19倍，不是特别突出。值得一提的是，135mm F2L还可加挂增倍镜，例如2X镜，变为270mm F4，仍属大光圈！

8组10片镜片中有两片特殊低色散的UD镜片，材质高级。如此大口径的镜头，在F2光圈下的周边暗角较小，大约缩小一级光圈即可消减。全开光圈的背景虚化相当吸引人，焦距因为稍长，所以压缩感比起85-100mm镜头更明显。

数码解像力测试，在全开光圈下，全部都达到最高等级的表现，缩小光圈后更是超越优异程度。

大多数的专业摄影师可能会选择“小白IS”作为长焦镜头；但135mm F2L有其难以取代的大光圈，和定焦镜的极高素质。

Tamron SP AF 10-24mm F3.5-4.5 Di II

数码专用

对应焦距达16mm的超广角变焦镜

操作与性能 ★★★★　数码解像力 ★★★★★
性价比 ★★★★★　综合推荐度 ★★★★★

规格表

50D对应焦距：16–37mm	直径×长度：83.2mm×86.5mm
镜头结构：9组12片	重　量：406 克
光圈叶片：7片	莲花型遮光罩：(内附)
最小光圈：F22	上市时间：2008年11月
最近对焦距离：0.24m	参考价格：RMB 3600
滤镜口径：77mm	

数码解像力测试

焦段	位置	最大光圈	光圈F8
10mm	中央	优异	优异
10mm	周边	良好	极好
18mm	中央	极好	优异
18mm	周边	良好	极好
24mm	中央	优异	优异
24mm	周边	极好	优异

虽然超广角端稍有桶状变型，不过全开光圈就可获得优异的中央部画质和良好的周边素质。等同于16mm的超广视野，再宽的广角也能轻松收入。焦距10mm，光圈优先，F8，1/125秒，ISO 200，自动白平衡，相片风格：风景。

独立镜头厂商Tamron针对风光摄影者推出新款超广角镜头10–24mm F3.5–4.5 Di II，马上成为市场关注的焦点。

型号B001的10–24mm F3.5–4.5 Di II，比同厂的11–18mm F4.5–5.6 Di II (Model: A13) 多了两大改进：变焦范围分别往超广角和长焦端延伸以及更大口径的设计。更吸引人的是，B001的售价还低于A13，因此性价比上升到满分五颗星。

拥有Tamron顶级SP系列的高级手感，B001内置有驱动马达，可适用于Canon/Nikon等四大厂商的接环。广角端等同于全画幅的16mm焦距，与Canon EF 10–22mm F3.5–4.5USM及Sigma 10–20mm F4–5.6DC HSM同属于该等级镜头的超广角视野之首，更以较大光圈超过Sigma 10–20mm。

B001使用了3片高精度大口径复合非球面镜片校正各项色散差，实测发现超广角端略有桶状变形，周边暗角在F5.6之后即可消除，令人满意的是逆光拍摄的眩光控制良好。最近对焦距离达24厘米，最大摄影倍率1:5.1也是同级之首。

B001虽然采取了轻量化的设计，却具有较大光圈和更广且更远的变焦能力，加上合理的售价，实在是风景写真的首选。

Canon EF-S 10-22mm F3.5-4.5 USM

数码专用

Canon迷必备的超广角镜

操作与性能 ★★★★★　数码解像力 ★★★★★
性价比 ★★★★☆　综合推荐度 ★★★★★

规格表

50D对应焦距：16–35mm	直径×长度：83.5mm×89.8mm
镜头结构：10组13片	重量：385 克
光圈叶片：6片	莲花型遮光罩：EW–83E (需另购)
最小光圈：22–27	上市时间：2004年11月
最近对焦距离：0.24m	参考价格：RMB 5800
滤镜口径：77mm	

数码解像力测试

焦段	位置	最大光圈	光圈F8
10mm	中央	优异	优异
10mm	周边	极好	优异
15mm	中央	极好	优异
15mm	周边	良好	极好
22mm	中央	优异	优异
22mm	周边	极好	极好

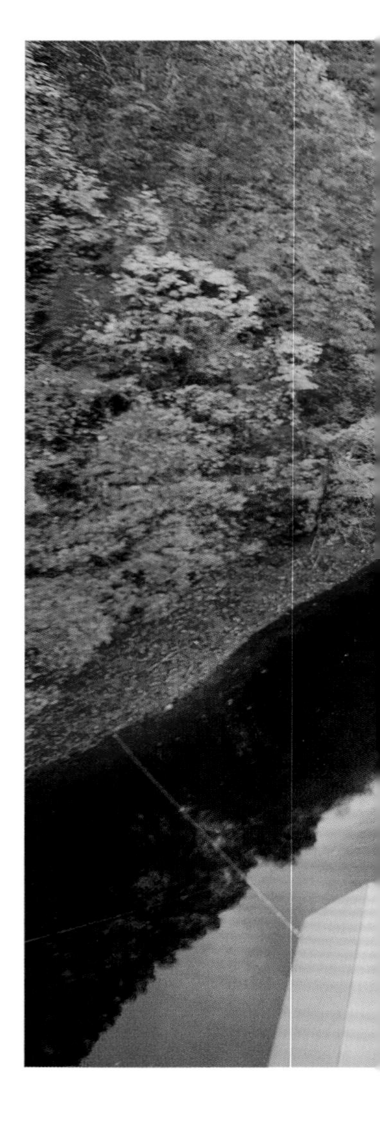

在各种超广角变焦镜头中，Canon这支原厂镜头由于视角最广（等同16mm焦距）、价格合理（与副厂镜头价格差别不大），获得编辑的高度推荐。搭配50D可说是风景写真的绝佳利器。Canon 50D，焦距10mm，光圈优先，F5.6，1/3秒，ISO 100，自动白平衡，相片风格：风景，日本桧原湖。

比起其他厂牌的超广角镜从12mm开始，Canon在2004年发表的EF-S 10-22mm F3.5-4.5一举实现了实际焦距16mm的超广角摄影，让其他品牌的使用者羡慕不已，也成为风景写真者必备的镜头之一。

由于是非L镜等级，莲花型遮光罩与17-40mm F4L共用，但需要另外购买。全时手动对焦十分方便，最近对焦距离为24厘米，最大放大倍率为0.17倍（比17-40L的28厘米更有优势）。

10组13片镜片构成中，包含研削非球面镜片和UD特殊镜片共三片，形成广角镜最重要的色散差修正。广角端呈现桶状变形，比17-40L要明显些，对于建筑摄影稍有负面影响。周边暗角现象大约缩减一级光圈可去除。

至于广角镜经常遇到的晨昏摄影、逆光环境，由于已针对APS-C DSLR做了特殊设计，镜桶内部挡光与吸光结构可阻挡不必要的光线进入，因此眩光与光斑的表现甚优。

解像力表现方面，全焦段全开光圈就有相当不错的画质表现，缩至F8则全画面达到最高画质表现，整体解像力为满分五颗星。由于画质佳、光圈相对大，50D用户可以毫不犹豫的选择它作为广角摄影的最佳伙伴。

Tamron AF 18-270mm F3.5-6.3 Di II VC

数码专用

世界第一支15倍光学变焦镜头：2009摄影家手札最佳镜头奖

操作与性能 ★★★★　**数码解像力** ★★★★★
性价比 ★★★★　**综合推荐度** ★★★★★

高倍率变焦镜头（又称旅行摄影镜头）一般指的是18–200mm焦段的镜头，最早开始两大独立镜头厂商：Tamron和Sigma，大约在同一时间推出18–200mm F3.5–6.3等级（只适用在APS–C画幅机型）的高倍率变焦镜头，因为由近到远变焦范围宽阔，旅游拍照十分好用，引起很大回响。

Tamron在2007年初推出世界第一支18–250mm F3.5–6.3 Di II，变焦更远，但没有防手抖性能。

没想到在防手抖镜头开发上属于晚起步的Tamron，率先在2008年发售AF 18–270mm F3.5–6.3 Di II VC，一方面是世界第一支15X光学变焦超级镜头，另一方面也搭载了VC防手抖系统，引起了极大的反响。

Tamron B003(18–270mm F3.5–6.3 Di II VC)以金黄色环作为标志，与Tamron 18–250mm F3.5–6.3 Di II相比，虽然焦距略微拉长，但块头大了不少，滤镜口径由62mm放大到72mm，重量由432克长到550克，最近对焦距离由45厘米略为拉长到49厘米，不过因为长焦端焦距更远，最大放大倍率维持0.29倍；这对于花草的摄影来说，已经足够。

画质表现也令人称奇，全焦段全开光圈下的中央部解像力已达优异等级，周边画质在广角端至200mm焦段也都表现不错，只在接近长焦端的周边画质较为偏软。

这支镜头端超过400mm的对应焦距，防手抖性能可在1/30秒左右手持拍摄，解像力表现又获得满分，荣膺“摄影家手札2009最佳镜头奖”。

规格表

50D对应焦距：28–432mm	直径长度：79.6mm×101mm
镜头结构：13组18片	重量：550克
光圈叶片：7片	莲花型遮光罩：(内附)
最小光圈：F22–F40	上市时间：2008年9月
最近对焦距离：0.49m	参考价格：RMB 4100
滤镜口径：72mm	

数码解像力测试

焦段	位置	最大光圈	光圈F8
18mm	中央	优异	优异
18mm	周边	优异	优异
100mm	中央	优异	优异
100mm	周边	良好	极好
270mm	中央	优异	优异
270mm	周边	普通	普通

色调饱和、对比度适中、艳丽动人，是全新EF-S 17-55mm F2.8 IS USM的阶调表现。过去我们会认为后期的图是DSLR拍照不可或缺的一环，但是现在我们目睹了不必修图就令人满意的数码专用大口径标准镜头。17mm焦距，光圈优先，F8，快门1/60秒，自动白平衡，ISO 100，C-PL使用。

Canon

数码专用

EF-S 18-200mm F3.5-5.6 IS

千呼万唤始出来的高倍率变焦镜头

操作与性能 ★★★☆　数码解像力 ★★★★★
性价比 ★★★★　综合推荐度 ★★★★

过去为了填补18–200mm这个焦段，Canon把重心放在两支IS Kit镜头：EF–S 18–55mm F3.5–5.6IS和EF–S 55–250mm F4–5.6IS上。如今有了EF–S 18–200mm F3.5–5.6IS的正式发售，终于可以一支镜头走遍天下。

既然是EOS 50D的首选Kit镜，我们将EF–S 18–200mm F3.5–5.6IS装载到50D来试试看。整体重量平衡感很好，变焦环十分顺手，对焦环就窄的可怜，也没有对焦距离显示窗，这个镜头从外观上看的确很普通。

镜头的开关除了AF/MF外，还有IS开关，以及防止镜头前伸的LOCK锁定键。高倍变焦镜头容易有的垂头现象，18–200IS的阻尼设计还不错，垂头现象不明显。对焦速度没有USM马达，所以可以听见对焦声响，合焦速度还好不会太慢。

关于此镜头的防抖性能，我们进行测试发现，在1/50秒（200mm长持端）手持拍摄，约有90%照片是清晰无晃动的，到了1/25秒，却只剩下20%照片是清晰的，也就是说防抖的效果约在2级。

最近对焦距离可达45厘米，这点与其他同级镜头是一样的。但Canon 18–200IS缺少了超声波驱动马达和对焦距离显示窗。

解像力测试，全焦段全开光圈下中央部分画质优异，周边稍微欠锐，缩小光圈至F8后，对比度提升、素质更佳。比起Sigma 18–200OS或Nikkor 18–200VR的长焦端画质更优。

Canon EF–S 18–200mm F3.5–5.6IS，是一支外表不起眼，但很实用且画质不错的高倍率变焦镜头。虽然有缺乏USM马达的遗憾，不过Canon将它的影像表现设计得很好，不失为旅游背包中的首选配置。

规格表

50D对应焦距：29–320mm	直径×长度：78.6mm×102mm
镜头结构：12组16片	重　量：595克
光圈叶片：6片	遮光罩：EW–78D (需另购)
最小光圈：F38	上市时间：2008年9月
最近对焦距离：0.45m	参考价格：RMB 2900
滤镜口径：72mm	

数码解像力测试

焦段	位置	最大光圈	光圈F8
18mm	中央	优异	优异
18mm	周边	良好	极好
50mm	中央	优异	优异
50mm	周边	极好	优异
200mm	中央	优异	优异
200mm	周边	良好	极好

Canon EF-S 17-55mm F2.8 IS USM

数码专用

EF-S系列第一支恒定大光圈镜头

操作与性能 ★★★★★　数码解像力 ★★★★★
性价比 ★★★　综合推荐度 ★★★★☆

说实在话，这支恒定F2.8大光圈的标准镜头，外观其实与EF-S 17-85IS十分相似，但塑料质感偏重。不过轻量化设计也有助于搭配APS-C机身时的平衡感，且防抖性能实用度高。

镜头采用非固定镜长设计，在长焦端时内层镜筒会伸出。第三代IS防抖技术，可校正3级快门速度，用55mm长焦端实测发现，即使手持在1/4秒快门，还有大约1/3至1/2的拍摄成功几率。

包含IS防抖技术镜片组成为12组19片，使用了3片非球面镜片和2片UD镜片，用料与L镜一样。广角端有可见的桶状变形，全开光圈下周边暗角并不明显。

解像力表现实在了得，各焦段在F2.8的中央部分皆达到顶级素质，在缩小光圈至F8后，全焦段都可提升到优异水准。解像力总分为五颗星满分，具有和Canon EF 24-70mm F2.8L平起平坐的实力。

这支后起之秀以超规格的高画质和防手抖的高性能赢得了市场瞩目。可惜莲花型遮光罩需要另外选购，影响了性价比。

关于Tamron 17-50mm F2.8 Di II与Canon EF-S 17-55mm F2.8IS、Canon 17-40L完全评比，请参见摄影家手札网站。http://www.photosharp.com.tw/photosharp/Content.aspx?News_No=3257

规格表

50D对应焦距：27-88mm
镜头结构：12组19片
光圈叶片：7片
最小光圈：32
最近对焦距离：0.35m
滤镜口径：72mm
直径×长度：83.5mm×110.6 mm
重量：645 克
莲花型遮光罩：EW-83J（需另购）
上市时间：2006年5月
参考价格：RMB 7300

数码解像力测试

焦段	位置	光圈F2.8	光圈F8
17mm	中央	优异	优异
17mm	周边	良好	优异
28mm	中央	优异	优异
28mm	周边	极好	优异
55mm	中央	优异	优异
55mm	周边	极好	极好

Canon EOS 50D，50mm焦距，光圈值F/4，曝光时间1/15秒，ISO 500，模特：王若水，摄影：王俊会。

Tokina

数码专用

AT-X PRO DX 50-135mm F2.8

数码专用AT-X Pro大口径长焦镜头重现江湖

操作与性能 ★★★★　　数码解像力 ★★★★☆
性价比 ★★★★　　综合推荐度 ★★★★★

独立镜头厂商中最具专业口碑的，非Tokina莫属。先后推出AT-X PRO 50-135mm F2.8 DX和AT-X PRO 16-50mm F2.8 DX等大光圈镜头，扎实的坚牢性，深受专业摄影师的喜爱。

Tokina AT-X 535 PRO DX换算焦距约等于80-216mm，恒定F2.8大光圈的顶级长焦镜头，因为APS-C专用，在体积上比一般的70-200mm F2.8小炮轻巧许多。与Sigma 50-150mm F2.8EX DC HSM相比，Tokina AT-X 535 PRO DX的直径与长度相似，重量则因为镜筒材质而略重一些，附有三脚架接环，滤镜口径67mm。附有专用的莲花型遮光罩。

最近对焦距离为1m，最大放大倍率为17倍。AF/MF切换采用Tokina特有的前后推拉式（以左手前后拉动对焦环），能够在需要切换到手动对焦时，迅速做出反应，并在切入后马上进行手动对焦的操作，眼睛不用离开取景窗。

14组18片镜片构成中，使用了3片高价的SD镜片、4片LD镜片，将大口径镜头的各种色散差尽量消除。最前端镜片采用Water-Repellent特殊镀膜处理，进一步增强了AT-X PRO DX在各种恶劣环境下的适应能力。

AT-X 535 PRO DX价格与小小白相近，却具有F2.8恒定光圈，沉稳扎实的手感，编辑推荐给使用EOS 50D的专业人士作为人像变焦镜头的首选。

规格表

50D对应焦距：80-216mm	直径×长度：78.2mm×135 mm
镜头结构：14组18片	重 量：845 克
光圈叶片：9片	莲花型遮光罩：随附
最小光圈：22	上市时间：2006年7月
最近对焦距离：1m	参考价格：RMB 4100
滤镜口径：67mm	

数码解像力测试

焦段	位置	光圈F2.8	光圈F8
50mm	中央	极好	优异
50mm	周边	良好	优异
85mm	中央	极好	优异
85mm	周边	良好	优异
135mm	中央	极好	极好
135mm	周边	良好	极好

作为一支专业等级的长焦镜头，Tokina AT-X 535 DX的F2.8大光圈营造出来的浅景深相当迷人，对焦速度也相当快，是一支顶级手感的长焦镜头。Canon EOS 50D，75mm焦距，光圈优先，F3.5，1/125秒，自动白平衡，ISO 400，手札特约模特津津。

修图技巧

修图决定一切！花点时间让照片美丽加倍

Canon *Digital Photo Professional* 3.5版

比起其他品牌的专用RAW格式软件需要另外购买，Canon大方多了！超好用的Digital Photo Professional已随着5D Mark II更新到3.5版了（简称DPP），操作简便且不耗系统资源。最近的版本又加入了创新功能：

※ 3.0.0.3 版：特别将降噪控制设定独立至调整工具箱中，提供更灵活的控制每张数码图像的亮部、噪点及色差杂光抑制。

※ 3.2.0.4 版：提供镜头特性修正、边缘失光修正、畸形修正、色差校正、色彩校正等功能。

※ 3.3.1.1 版：新增收藏夹的照片搜藏功能，方便掌握精选图像，此外也加入了针对未来机身读取IPTC国际出版电讯委员会的图像信息。

※ 3.5.0.0 版：新增自动亮度调整功能（仅提供给50D及后续新机型）；此外降噪的层级由10级增加至20级调整范围。

Canon Digital Photo Professional 3.5.1.0 主画面

主要画面

开启DPP后，鼠标双击点出RAW文件放大察看。再点击右键叫出该图片的拍摄资料，可完整显示包括相片风格、细部设定与使用镜头等信息，相当详尽。

RAW格调整画面

❶调整亮度，向右使照片增亮；❷白平衡设定可下拉式选择特定模式，或以指定灰点（CLICK）的方式来做调整；❸按下“Tune”可开启白平衡微调色盘；❹相片风格重新指定，还可浏览电脑中的相片风格文件，加进来应用；❺对比度、色相、饱和度和锐利度调整。

RGB 色调调整画面

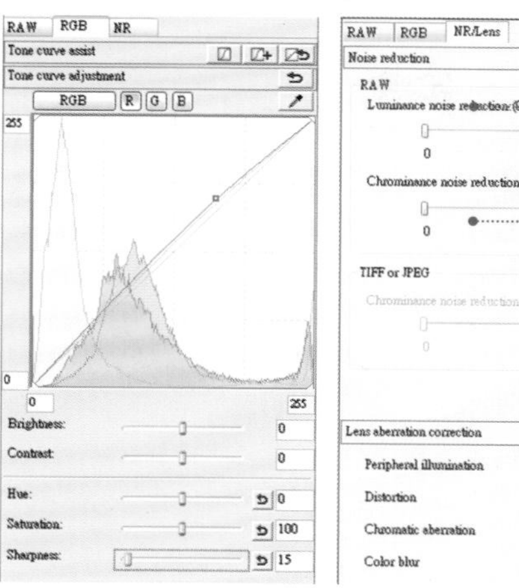

RGB图像调整画面中，还可以点选个别色调。例如点出“R”，将红色调略为提高一些，可以让模特儿的脸色更佳红润且不失自然。

NR 调整与镜头修正

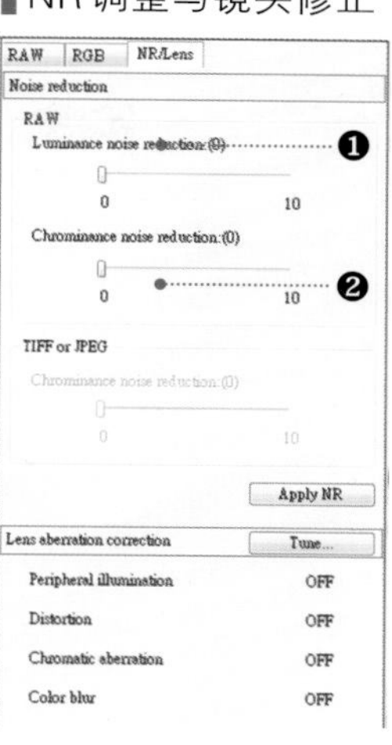

两种噪点消除：
❶减少亮度噪点，解像力可能随之降低一些；❷减少色度噪点，图像可能随噪点减少而出现渗色。

格式转换与存储

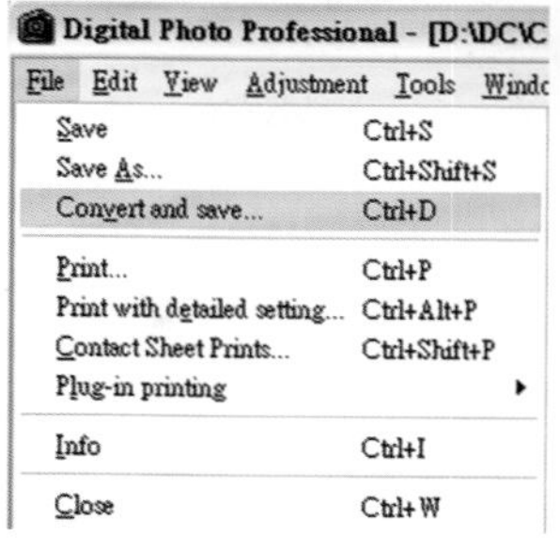

调整完毕后，由File > Convert and save进行格式转换与存储。

批次处理多张照片

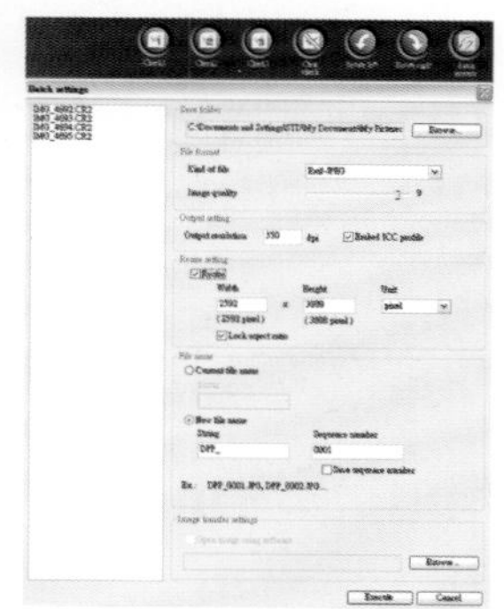

如果有多幅照片要进行后期制作，首先可以将工具板所做的所有调整内容另存成新的风格文件（文件名.vrd），之后利用它来进行RAW或JPEG的快速调整。

LESSON 1 设定好，漂亮照片事半功倍

Picture Style 相片风格

Before

After

标准相片风格→Clear相片风格
拍摄条件：Canon 5D Mark II，EF 50mm F1.2L USM，F2，1/4000秒，ISO 100，RAW格式，东京。

相片风格调整在RAW页面中

拍照的时候忘了设定好对应的相片风格吗？还好你拍的是RAW格式，利用DPP可以重新修改相片风格。

相片风格决定了整张照片的色调，包括了锐利度、对比和饱和度等，当然每一项都可以用DPP去作细节处理，不过既然Canon提供了相片风格，就等于给你一条捷径，别忘了这个简单又好用的修图步骤！

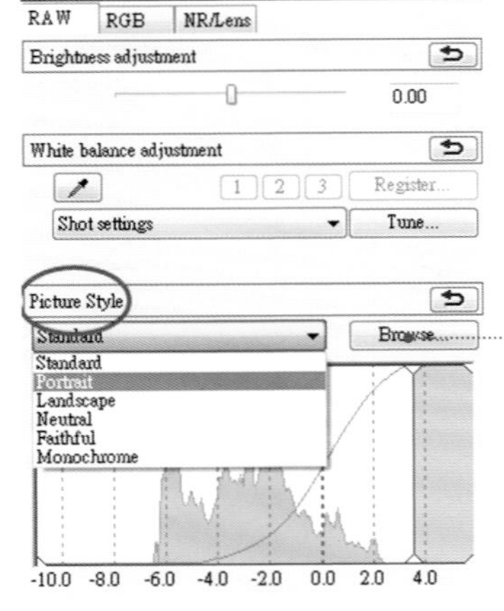

下载了新的相片风格文件后，利用这个按钮去选取存在电脑中的相片风格文件（文件名为PF2）。

用下拉式菜单重新调整相片风格。

进阶操作

下载相片风格文件

Canon公司体贴地为摄影者提供了多种不同风格的“相片风格”文件，请到这里下载：http://web.canon.jp/imaging/picturestyle/index.html

目前包括：棚内人像、速写人像、怀旧照片、清晰、晨昏、湛蓝、秋色等相片风格可下载。下载后可在DPP软件打开后，载入相片风格文件来对RAW格式进行修改。

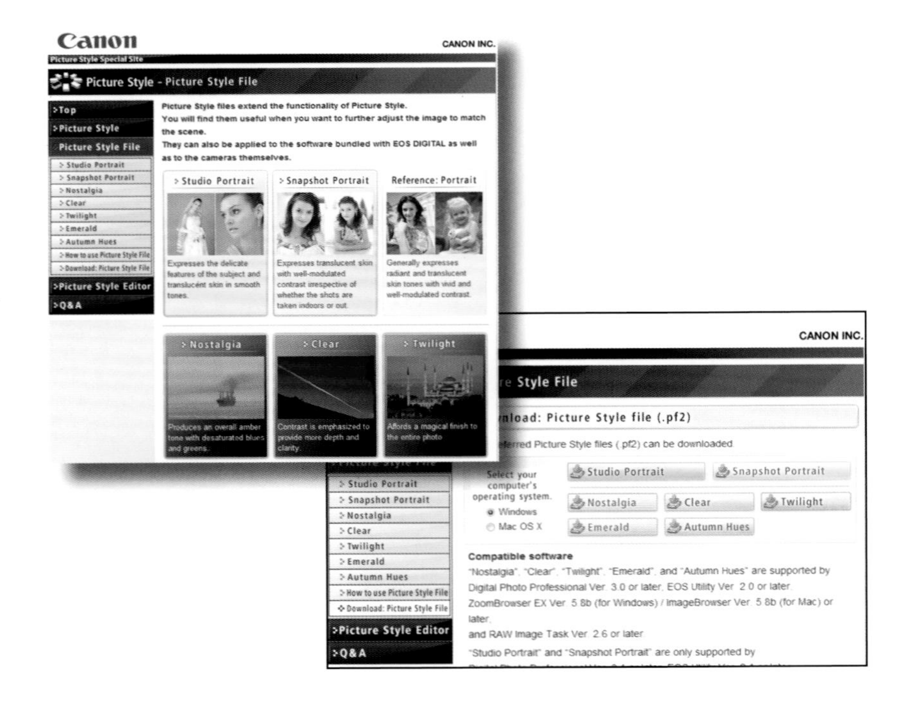

弹指变色真容易 White Balance 白平衡调色盘

Before

After

自动白平衡→白平衡调色盘修改
拍摄条件：Canon 5D Mark II，EF 24-105mm F4L IS USM，F16，15秒，ISO 200，RAW格式，横滨税关。

多样化的白平衡设定

DPP提供了多样化的白平衡设定，包括：既定白平衡、色温度和灰点指定等，还有最神奇的调色盘设定！

拍摄晨昏经常因为使用黑卡或快门线等，还要担心曝光条件而手忙脚乱。担心白平衡的设定问题吗？只要以RAW格式拍摄，利用DPP后期修改时，点出RAW页面的白平衡调整菜单，很容易重新设定：自动、日光、阴影、阴天、钨丝灯、白色荧光灯或闪灯模式。

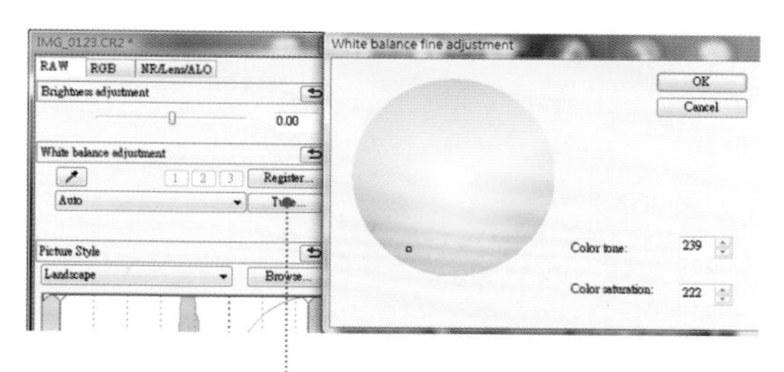

按下“Tune”可开启白平衡微调的调色盘。直觉式的操作，要往哪个色调偏移一目了然。调整结果见本页示范图。

进阶操作

色温度指定

选择Color temperature，可以移动色温度的范围（2500—10000K），色温度低则偏蓝，高则偏黄。

IMG_0123.CR2 *
RAW RGB NR/Lens/ALO
Brightness adjustment
0.00
White balance adjustment
1 2 3 Register...
Color temperature Tune...
2500 K

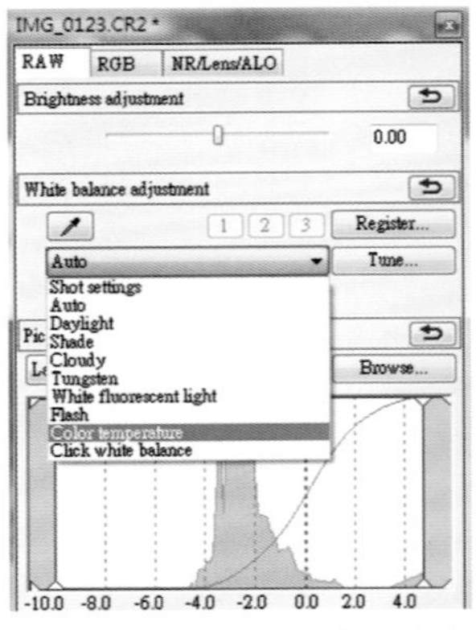

RAW格式照片才能重新设定白平衡模式。

让照片更加生动

Tone Curve 曲线工具

拍摄条件：Canon 5D Mark II，EF 24-105mm F4L IS USM，F5.6，1/100秒，ISO640，RAW格式。

曲线调整攸关暗部层次

和相片风格和白平衡的直觉操作相比，曲线调整就有些难度了，因为它将决定照片的亮部、中间色调与暗部的层次与对比，对比拉高会有助于提高空间立体感，不过相对的也会牺牲高亮部或暗部的细节。

不论DPP或Photoshop CS4的修图过程，曲线调整总是要花较多的时间。DPP倒是提供了一个自动化的工具，分析整张照片的明暗分布后给予最佳的曲线调整。

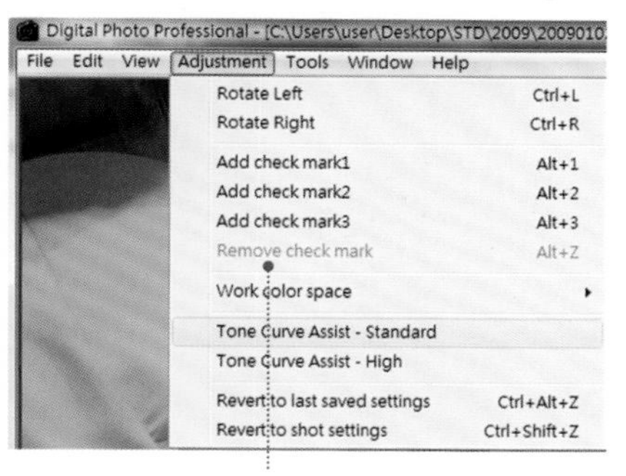

曲线工具在开启照片后的菜单：Adjustment > Tone Curve Assist。有标准和加亮两个模式。

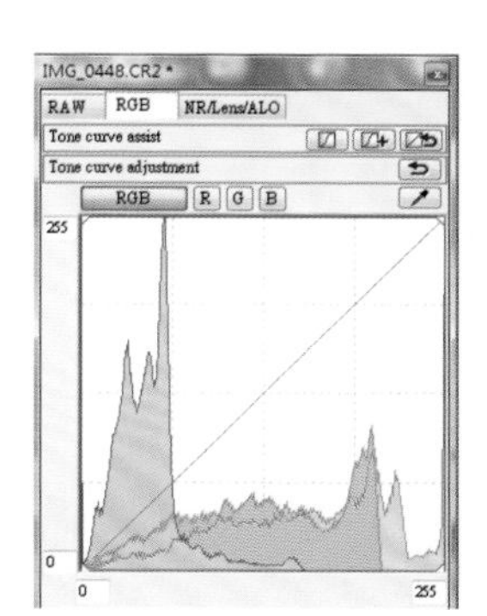

修改前的曲线
若将曲线上拉则加亮，反之则调暗。

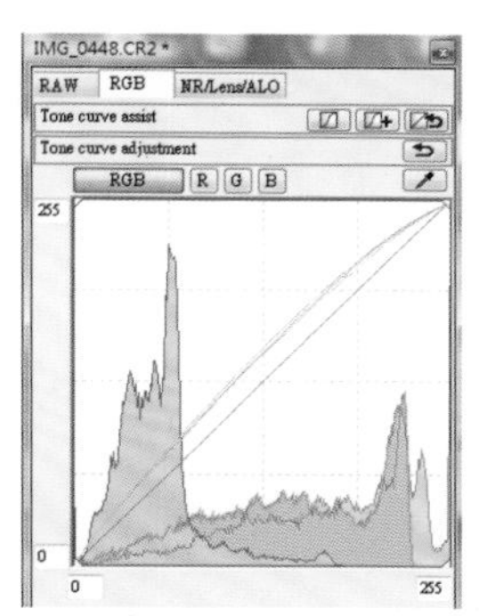

自动曲线工具－标准
点选Tone Curve Assist-Standard后，电脑自动计算将照片的中间色调和暗部略微拉升。

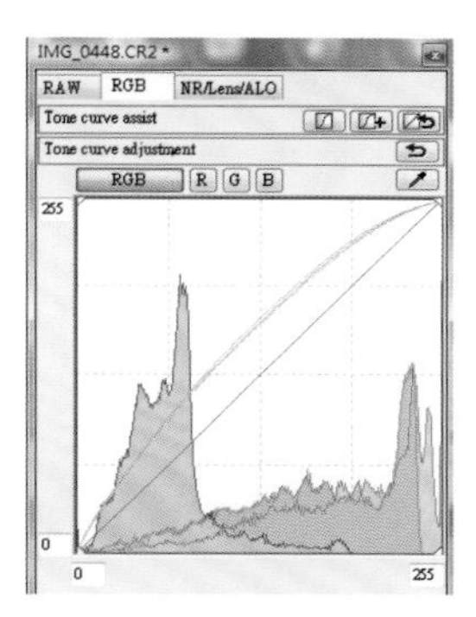

自动曲线工具－加亮

专家说法

自动曲线的优缺点

曲线调整可让摄影者控制亮部、中间色调与暗部的层次与对比，利用DPP的曲线工具可让软件协助获得最优化结果。

在夜景题材中，若选择Tone Curve Assist–High，中间色调的曲线拉得更高，虽然中间色调的细节优化了，但高亮度区域的饱和度却牺牲了，还要留意夜空会有较明显的噪点干扰。

一次性解决周边像差的问题

Aberration Correction像差校正

Before

After

周边暗角修正
拍摄条件：Canon 5D Mark II，EF 24-105mm F4L IS USM，F11，1/125秒，ISO250，RAW格式。

认识像差

理想的收像包括：点收像成点、正对的面以面收像、在镜头中的收像必须近似被摄物，而且必须真实还原被摄物体的原来色彩。由于几乎所有镜片的每个面都是球面，因此从一个点发出来的光线无法以一个完整的点来收像。这是起源于球面的根本问题。

另外，像差还分为色像差与像差，前者是因光的波长不同而引起，使得对焦的位置不一。

镜头的设计都是用超低色散镜片或特殊镀膜来实现色像差的校正。而昂贵的L镜也就是贵在优异的色像差表现。有了DPP，即使搭配高倍率变焦镜头或长焦镜头，也能用软件校正像差。

有了DPP，每支镜头都是L镜

从DPP 3.2版开始，支援RAW格式的镜头像差校正，可校正：周边暗角、畸变和色像差等。从“NR/Lens”页面进入设定。

进阶操作

周边暗角校正

超广角镜头可能因为全开光圈下画面周边光量降低，或者进入镜头光线有一部分被遮罩或滤镜的边框遮住，因而产生暗角现象。

若将光圈缩小通常可以大大的减低周边暗角问题；不过还可以利用DPP的周边暗角修正（Peripheral illumination）工具，将画面周边的亮度上拉到平衡状态。

超广角镜头或平价版镜头总难免遇到画面周边会有扭曲变形或色像差的问题，利用DPP就可以修的和L镜一般！

校正色像差

拍摄RAW文件用DPP修图时，工具的“NR/Lens/ALO”菜单中的“Lens aberra- tion correction”镜头像差校正共有四个项目。

Peripheral illumination: 周边暗角校正，如左页所示。

Distortion: 变焦镜头通常有程度不一的变形，例如超广角镜头多半会有桶状变形。利用这个工具可以依照所使用的镜头特性，自动校正变形。

Chromatic aberration: 色像差的校正；通常在变焦镜头尤其是广角镜头的周边，遇到高反差环境时（例如建筑物或树木、夜景中的点光源等）容易产生杂色干扰，有时候会被称为紫边现象。利用这个工具可以消除色像差，如本页左下的放大图所示。

Color blur: 在色像边缘的高光部容易产生红、蓝色的模糊情况，利用这个工具来校正。

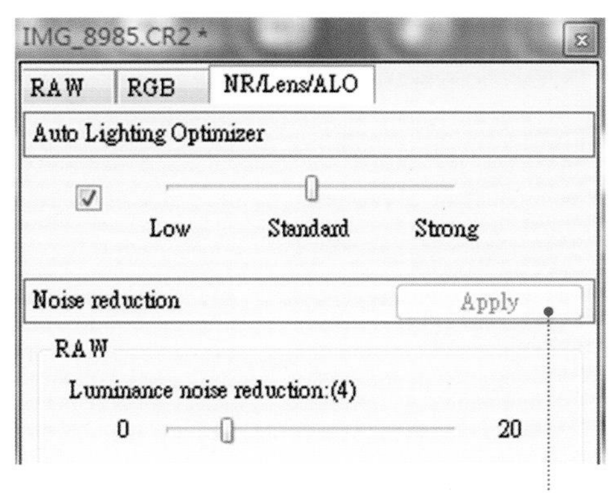

自动校正色像差

请注意，校正色像差的功能仅限于Canon原厂镜头和相容相机所拍摄的RAW 图像，JPEG 或TIFF图像无法校正。Canon EOS 5D需要1.1.1版本或更新版本才可以。假如镜头像差校正功能未显示，表示无法使用。

周边图像放大

拍摄条件：Canon 50D，EF-S 10-22mm F3.5-4.5 USM，F8，1/125秒，ISO 200，RAW格式。

在图像细节与噪点干扰之间取一个最佳平衡点

Noise Reduction 降噪

非得要用高光感度拍摄？还好可以事后降噪

风景摄影用低感光度配合小光圈拍摄，才能有高画质和低噪点。但是前往鸣子峡口时，因为天气阴雨光线相当微弱，当然缩小光圈配合三脚架还是可以用慢速快门拍摄；但在关键时刻——陆羽东线火车经过时（上图恰为陆羽东线的限量版复古火车），慢速快门就无法凝结火车身影，只好勉为其难拉高感光度到ISO 800且用F4拍摄！

察看图像果然EOS 50D在ISO 800的高感光度下的图像有可察觉的噪点出现。还好拍摄的是RAW格式，Canon DPP供了两种降噪功能：

减少亮度噪点(Luminance noise reduction)：解像度可能会随噪点的减少而降低。

减少色度噪点(Chrominance noise reduction)：图像可能随噪点的减少而出现渗色。

也可选择[设为预设值(Set as defaults)]，可预先设定喜爱的降噪等级。对资料夹中的所有图像进行降噪的批次处理时，这个功能特别实用。

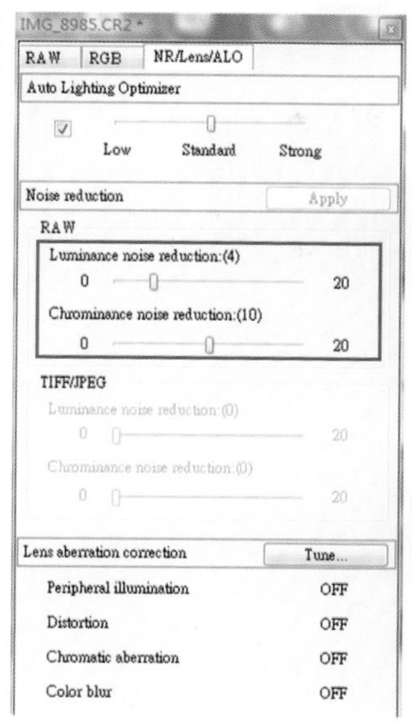

拍摄条件：Canon 50D，EF 70-200mm F2.8L IS USM，F4，1/20秒，ISO 800，RAW格式，日本鸣子峡口（以下局部放大比较）。

去除尘点或瑕疵超容易

Stamp Tool 手动删除尘点

两小图为局部放大，尘点删除前后比较

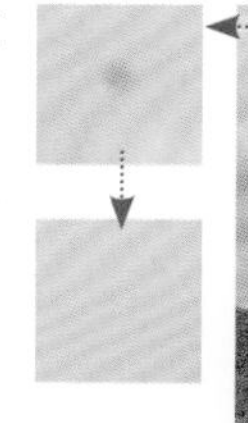

拍摄条件：Canon 5D Mark II，EF 24-105mm F4L IS USM，F14，1/200秒，ISO 400，RAW格式，阳明山。

启动图章工具

选择［工具(Tools)］菜单［启动图章工具(Start Stamp tool)］。复制图章视窗出现。

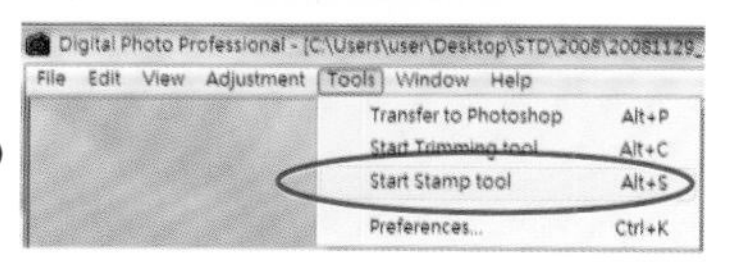

去除恼人尘点或脸上痘痘

DPP提供了强大的瑕疵修正工具，不论去除黑斑或CMOS尘点，绝对还给你洁净无暇的超完美相片！

DPP的Stamp Tool就像Photoshop CS/4的污点修复工具，它主要有三个功能：修复浅色杂点（例如深色衣物上的灰尘）、修复深色杂点（例如CMOS上面的灰尘导致天空堆满黑点，或是脸上的痘痘），以及复制区块。

虽然Canon 5D Mark II和EOS 50D都内置了除尘功能，如果遇到比较顽强的尘点吸附在CMOS传感器上，造成某色块出现污点时，就可以利用修复深色杂点工具轻松的去除。拍摄人像时，如果模特肤质不佳或前晚熬夜，恼人的痘痘也很容易就可以修复。

操作详解

删除尘点主画面

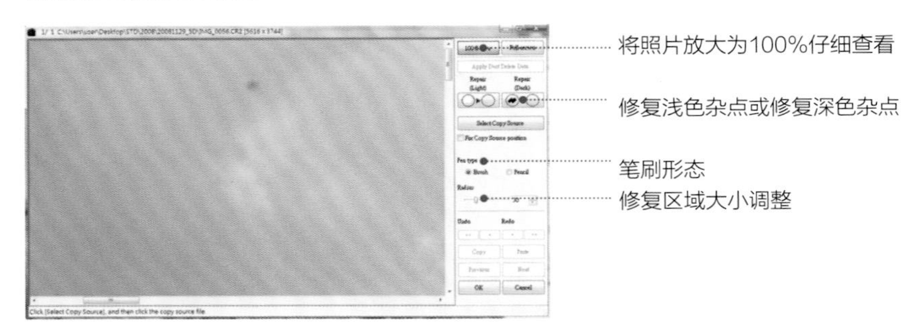

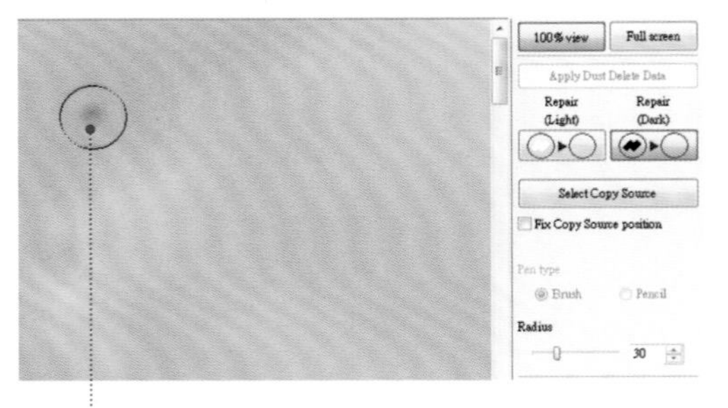

我们选择：Repair-Dark，将绿色圆圈的直径设定好，在尘点上轻轻一点滑鼠左键，哇！超神奇的去污效果。

操作技巧

修复区域的绿色圆框大小，大约为污点的两倍大小较为适当。利用鼠标的滚轮，前后滚动就可以轻松的调整圆框的大小。

Canon 数码单反相机规格表

规格			EOS 5D	EOS 5D Mark II	EOS 50D
图像传感器	类型		35.8×23.9mm Full-sized CMOS	36×24mm Full-sized CMOS	22.3×14.9mm APS-C CMOS
	有效像素		1280万	2110万	1510万
	镜头焦距放大倍率(35mm格式)		等倍	等倍	1.6倍
	除尘功能		只能手动	自动/软件/手动	
记录系统	记录媒体		Compact Flash 卡	Compact Flash 卡(UDMA兼容)	
	记录像素(大约)	大	4368x2912	5616x3744	4752x3168
		中	3168x2112	4080x2720	3456x2304
		小	2496x1664	2784x1856	2352x1568
	降噪		Auto / On / Off		
图像处理器			DIGIC II	DIGIC 4	DIGIC 4
白平衡	设定		自动/日光/阴影/多云/钨丝灯光/白色荧光灯/闪光灯/用户自定义		
	白平衡校正(级数)		蓝/琥珀黄色调整量：±9 洋红/绿色调整量：±9		
	白平衡包围		调整量±3级，以1级增减		
取景器	视野率(约%)		96%	98%	95%
	放大倍率		0.71倍	0.71倍	0.95倍
	眼点		20mm	21mm	22mm
	景深预览		可		
自动对焦	AF点		9点		
	AF点选择		十字型/主转轮	十字型/主转轮/Live View支持面部优先对焦	
	AF模式		单次/AI伺服/AI焦点		
	AF辅助光		外置闪光灯	外置闪光灯	有
曝光控制	感测区		35区评价测光		
	测光范围[EV]		1至20		
	测光模式		评价/局部/中央重点平均/点测光		
	使用者可选择模式		可		
	拍摄模式		程序AE(全自动，创意自动，程序)，快门速度优先AE，光圈优先AE，B快门，手动曝光，用户自定义	全自动，程序AE，快门速度优先AE，光圈优先AE，B快门，手动曝光，用户自定义	程序AE(全自动，人像，风景，近拍，运动，夜间人像，闪光灯关闭，创意自动，程序)，快门速度优先AE，光圈优先AE，景深AE，手动曝光
	ISO(扩展)		ISO 100-1600（ISO 50-3200）	ISO 100-6400(ISO 50-25600)	ISO 100-3200(ISO 12800)
	包围式曝光(AEB)		1/3或1/2，±2		
	闪光灯曝光控制		评价测光E-TTL II或平均测光		
快门	速度[秒]		1/8000至30秒、B快门、X=1/200秒		1/8000-30秒、B快门、X=1/250秒
驱动系统	连拍[大约每秒张数]		3	3.9	6.3
	最多张数	JPEG(大/优)	60	78	60
		RAW	17	13	16
内置闪光灯	GNo.〔ISO100 m〕		无内置闪光灯		13
	闪光灯覆盖范围		无内置闪光灯		17mm
	闪光灯曝光补偿[增减量及范围]		1/3或1/2，±2		
	闪光灯曝光(FE)锁		有		
液晶显示器	尺寸(英寸)		2.5	3	3
	点数		230，000	92万点	92万点
自定义功能			21	25	25
接口	USB〔版本〕		2.0 Hi-Speed		
	HDMI输出端子		无	有	
	遥控端子		有(TC-80N3，RS-80N3)		
	无线遥控		有(RC-1，RC-5)		
电源	可能拍摄张数[20℃，50%]		800	850	640
	电池		BP 511A	LP-E6	BP 511A
	电池手柄		BG-E4(可用AA三号电池6枚)	BG-E6	BG-E2N
尺寸[宽×高×厚(mm)]			152×113×75	152×113.5×75	145.5×107.8×73.5
重量[g]	810		810	730	

Canon单反镜头规格表

	镜片组/片	光圈叶片	最小光圈	最近对焦距离/m	最大微距倍率	马达种类	滤镜口径	直径×长度/mm	重量/g
EF 15mm F2.8 Fisheye	7/8	5	22	0.2	0.14	AFD		73×62.2	330
EF 14mm F2.8L II USM	11/14	5	22	0.2	0.15	USM	后部	80×94	645
EF 20mm F2.8 USM	9/11	5	22	0.25	0.14	USM	72	77.5×70.6	405
EF 24mm F1.4L USM	9/11	7	22	0.25	0.16	USM	77	83.5×77.4	550
EF 24mm F2.8	10/10	6	22	0.25	0.16	AFD	58	67.5×48.5	270
EF 28mm F1.8 USM	9/10	7	22	0.25	0.18	USM	58	73.6×55.6	310
EF 28mm F2.8	5/5	5	22	0.3	0.13	AFD	52	67.4×42.5	185
EF 35mm F1.4L USM	9/11	8	22	0.3	0.18	USM	72	79×86	580
EF 35mm F2	5/7	5	22	0.25	0.23	AFD	52	67.4×42.5	210
EF 50mm F1.2L USM	6/8	8	16	0.45	0.15	USM	72	85.8x65.5	590
EF 50mm F1.4 USM	6/7	8	22	0.45	0.15	Micro USM	58	3.8×50.5	290
EF 50mm F1.8II	5/6	5	22	0.45	0.15	MM	52	68.2×41	130
EF 50mm F2.5Macro	8/9	6	32	0.23	0.5	AFD	52	67.6×63	280
EF 85mm F1.2L II USM	7/8	8	16	0.95	0.11	USM	72	91.5×84	1,025
EF 85mm F1.8 USM	7/9	8	22	0.85	0.13	USM	58	75×71.5	425
EF 100mm F2 USM	6/8	8	22	0.9	0.14	USM	58	75×73.5	460
EF 100mm F2.8 Macro USM	8/12	8	32	0.31	1	USM	58	79×119	600
EF 135mm F2L USM	8/11	8	32	0.9	0.19	USM	72	82.5×112	750
EF 135mm F2.8 (Soft Focus)	6/7	6	32	1.3	0.12	AFD	52	69.2×98.4	390
EF 180mm F3.5L Macro USM	12/14	8	32	0.48	1	USM	72	82.5×186.6	1,090
EF 200mm F2L IS USM	12/17	8	22	1.9	0.12	USM	插入式52	128×208	2,520
EF 200mm F2.8L II USM	7/9	8	32	1.5	0.16	USM	72	83.2×136.2	765
EF 300mm F2.8L IS USM	13/17	8	32	2.5	0.13	USM	插入式52	128×252	2,550
EF 300mm F4L IS USM	11/15	8	32	1.5	0.24	USM	77	90×221	1,190
EF 400mm F2.8L IS USM	13/17	8	32	3	0.15	USM	插入式52	163×349	5,370
EF 400mm F4 DO IS USM	13/17	8	32	3.5	0.12	USM	插入式52	128×232.7	1,940
EF 400mm F5.6L USM	6/7	8	32	3.5	0.12	USM	77	90×256.5	1,250
EF 500mm F4L IS USM	13/17	8	32	4.5	0.12	USM	插入式52	146×387	3,870
EF 600mm F4L IS USM	13/17	8	32	5.5	0.12	USM	插入式52	168×456	5,360
EF 800mm F5.6L IS USM	14/18	8	32	6	0.14	USM	插入式52	163×461	4,500
EF-S 10-22mm F3.5-4.5 USM	10/13	6	22-27	0.24	0.17	USM	77	83.5×89.8	385
EF 16-35mm F2.8L II USM	12/16	7	22	0.28	0.22	USM	82	88.5×111.6	640
EF 17-40mm F4L USM	9/12	7	22	0.28	0.24	USM	77	83.5×96.8	475
EF-S 17-55mm F2.8IS USM	12/19	7	22	0.35	0.17	Ring USM	77	83.5x110.6	645
EF-S 17-85mm F4-5.6IS USM	12/17	6	32	0.35	0.2	USM	67	78.5×92	475
EF-S 18-55mm F3.5-5.6II	9/11	6	22-27	0.28	0.28	-	58	69x66.2	190
EF 20-35mm F3.5-4.5 USM	11/12	5	22-27	0.34	0.13	USM	77	83.5×68.9	340
EF 22-55mm F4-5.6 USM	9/9	5	22-32	0.35	0.2	Micro USM	58	66×59.4	175
EF 24-70mm F2.8L USM	13/16	8	22	0.38	0.29	USM	77	83.2x123.5	950
EF 24-85mm F3.5-4.5 USM	12/15	6	22-32	0.5	0.16	USM	67	73×69.5	380
EF 24-105mm F4L IS USM	13/18	8	22	0.45	0.23	Ring USM	77	83.5x107	670
EF 28-70mm F2.8L USM	11/16	8	22	0.5	0.18	USM	77	83.2×117.6	880
EF 28-90mm F4-5.6III USM	8/10	5	22-38	0.38	0.28	Micro USM	58	67×71	190
EF 28-105mm F3.5-4.5 USM II	12/15	7	22-27	0.5	0.19	USM	58	72×75	375
EF 28-105mm F4-5.6 USM	9/10	6	22-32	0.48	0.19	Micro USM II	58	67x68	210
EF 28-135mm F3.5-5.6 IS USM	12/16	6	22-36	0.5	0.19	USM	72	78.4×96.8	540
EF 28-200mm F3.5-5.6 USM	12/16	6	22-36	0.45	0.28	Micro USM	72	78.7×89	540
EF 28-300mm F3.5-5.6L IS USM	16/23	8	22-32	0.7	0.3	USM	77	92×184	1,670
EF 55-200mm F4.5-5.6 II USM	13/13	6	22-27	1.2	0.21	Micro USM	52	70.4×97.3	310
EF 70-200mm F2.8L IS USM	18/23	8	32	1.4	0.17	USM	77	86×197	1,570
EF 70-200mm F2.8L USM	15/18	8	32	1.5	0.16	USM	77	84.6×193.6	1,310
EF 70-200mm F4L IS USM	15/20	8	32	1.2	0.21	USM	67	76×172	760
EF 70-200mm F4L USM	13/16	8	32	1.2	0.21	USM	67	76×172	705
EF 70-300mm F4-5.6DO IS USM	12/18	8	32	1.4	0.19	USM	58	82.4×99.9	720
EF 70-300mm F4-5.6 IS USM	10/15	8	32-45	1.5	0.26	Micro USM	58	76.5×142.8	630
EF 75-300mm F4-5.6III USM	9/13	7	32-45	1.5	0.25	Micro USM	58	71×122.1	480
EF 100-300mm F4.5-5.6 USM	10/13	8	32-38	1.5	0.2	USM	58	73×121.5	540
EF 100-400mm F4.5-5.6L IS USM	14/17	8	32-38	1.8	0.2	USM	77	92×189	1,360

续表

	镜片组/片	光圈叶片	最小光圈	最近对焦距离/m	最大微距倍率	马达种类	滤镜口径	直径×长度/mm	重量/g
TS-E 24mm F3.5L	9/11	8	22	0.3	0.14	-	72	78×86.7	570
TS-E 45mm F2.8	9/10	8	22	0.4	0.16	-	72	81×90.1	645
TS-E 90mm F2.8	5/6	8	32	0.5	0.29	-	58	73.6×88	565
Extender EF1.4X II	4/5	-	-	-	-	-	-	72.8×27.3	220
Extender EF2X II	5/7	-	-	-	-	-	-	71.8×57.9	265
MP-E 65mm F2.8 1-5X	8/10	6	16	0.243-0.313	1-5X	手动	58		730

SIGMA 单反镜头规格表

	镜片组/片	光圈叶片	最小光圈	最近对焦距离/m	最大微距倍率	滤镜口径	直径×长度/mm	重量/g
10-20mm F4-5.6 EX DC HSM	10/14	6	22	0.24	0.15	77	83.5x81	465
12-24mm F4.5-5.6 EX DG Asp HSM	12/16	6	22	0.28	0.14	-	87x100	615
15-30mm F3.5-4.5 EX DG	13/17	8	22	0.3	0.17	-	87x130	615
17-35mm F2.8-4 EX DG Asp HSM	13/16	8	22	0.27	0.22	77	83.5x86.2	560
17-70mm F2.8-4.5 DC Macro/HSM	12/15	7	22	0.20	0.43	72	79x82.5	455
18-50mm F2.8 EX DC*1/HSM	13/15	7	22	0.28	0.2	67	74x84	445
18-50mm F3.5-5.6 DC	8/8	7	22	0.25	0.33	58	67.5x60	245
18-125mm F3.5-5.6 DC OS HSM	12/16	7	22	0.35	0.26	67	74x88.5	490
18-200mm F3.5-6.3 DC OS/HSM	13/18	7	22	0.45	0.26	72	79x100	610
18-200mm F3.5-6.3 DC	13/15	7	22	0.45	0.23	62	70x78	405
20-40mm F2.8 EX DG	13/17	9	32	0.3	0.217	82	89×107.8	595
24-60mm F2.8 EX DG	15/16	9	22	0.38	0.172	77	83.6×84.5	550
24-70mm F2.8 EX DG Macro	13/14	9	32	0.4	0.263	82	89×115.5	715
24-135mm F2.8-4.5	15/16	9	32	0.5	0.22	77	83.6x0.9	535
28-70mm F2.8 EX DG	12/14	9	22	0.33	0.23	67	74x87.2	510
28-70mm F2.8-4 DG	8/11	8	22	0.5	0.16	55	67.5x60	255
28-200mm F3.5-5.6 DG Macro	14/16	8	22	0.48	0.26	62	70x75.2	400
28-300mm F3.5-6.3 DG Macro	13/15	8	22	0.5	0.33	62	74x83.7	490
50-150mm F2.8 II APO EX DC HSM	14/18	9	22	1	0.19	67	76.5x140	780
50-500mm F4-6.3 APO EX DG/HSM	16/20	9	22	1-3	0.19	86	93x216	1,840
55-200mm F4-5.6 DC/HSM	9/12	8	22	1.1	0.22	55	70x84.6	310
70-200mm F2.8 II APO EX DG Macro HSM	15/18	9	22	1	0.29	77	86.5x184.4	1,370
70-300mm F4-5.6 APO DG Macro Super II	10/14	9	22	1.5/0.95①	0.5	58	76.6x119.5	550
70-300mm F4-5.6 DG Macro	10/14	9	22	1.5/0.95①	0.5	58	76.6x119.5	545
80-400mm F4.5-5.6 APO EX DG OS	14/20	9	32	1.8	0.2	77	95x189.5	1,750
100-300mm F4 APO EX DG HSM	14/16	9	32	1.8	0.2	82	92.4x224	1,440
120-300mm F2.8 APO EX DG HSM	16/18	9	32	1.5-2.5	0.116	105	112.8x268.5	2,680
120-400mm F4.5-5.6 APO DG OS HSM	15/21	9	22	1.5	0.24	77	92.5x203.5	1750
150-500mm F5-6.3 APO DG OS HSM	15/21	9	22	2.2	0.19	86	94.7x252	1,910
300-800mm F5.6 APO EX DG HSM	16/18	9	32	6	0.145	46	156.5x541.5	5,880
4.5mm F2.8 EX DC Circular Fisheye HSM								
8mm F4 EX Circular Fisheye DG	6/10	5	32	0.2	0.069	-	73.5x62	320
10mm F2.8 EX DC Fisheye HSM	7/12	7	22	0.135	0.3	-	75.8x83.1	475
14mm F2.8 EX Aspherical HSM	10/14	7	22	0.18	0.2	-	82x91	630

续表

	镜片组/片	光圈叶片	最小光圈	最近对焦距离/m	最大微距倍率	滤镜口径	直径×长度/mm	重量/g
15mm F2.8 EX DG Diagonal Fisheye	6/7	7	22	0.15	0.26	-	73.5x65	370
20mm F1.8 EX DG Asp RF	11/13	9	22	0.2	0.25	82	88.6x89.5	520
24mm F1.8 EX DG Macro	9/10	9	22	0.18	0.37	77	83.6x82.5	485
28mm F1.8 EX DG Macro	9/10	9	22	0.2	0.34	77	83.6x82.5	500
30mm F1.4 EX DC HSM	7/7	8	16	0.4	0.096	62	76.6x59	400
50mm F1.4 EX DG HSM	6/8	9	16	0.45	0.14	77	84.5x68.2	505
50mm F2.8 EX DG Macro	9/10	7	45	0.189	1	55	71.4x66.5	320
70mm F2.8 EX DG Macro	9/10	9	22	0.257	1	62	76x95	525
105mm F2.8 EX DG Macro	10/11	8	45	0.31	1	58	74x97.5	457
150mm F2.8 EX DG Macro HSM	12/16	9	22	0.38	1	72	79.6x137	895
180mm F3.5 EX DG APO Macro HSM	10/13	9	32	0.46	1	72	80x182	965
300mm F2.8 APO EX DG HSM	9/11	9	32	2.5	0.133	46	119x214.5	2,400
500mm F4.5 APO EX DG HSM	9/12	9	32	4	0.133	46	123x350	3,150
800mm F5.6 APO EX DG HSM	10/13	9	32	7	0.114	46	156.5x521	4,900
APO Tele Converter 1.4X EX DG	3/5						68x20	143
APO Tele Converter 2X EX DG	5/6						68x45	234

①具有微距（Macro）功能的变焦镜，所标示的是最近对焦距离，后者数据只在特定焦段时可使用。

注：DC系列镜头，仅能适用于APS-sized CCD的DSLR。

TAMRON单反镜头规格表

型号	镜头	镜片组/片	光圈叶片	最小光圈	最近对焦距离/m	最大微距倍率	滤镜口径	直径×长度/mm	重量/g
AB001	SP 10-24mm F3.5-4.5 Di II LD	9/12	7	22	0.24	0.196	77	83.2x77	370
A13	SP 11-18mm F4.5-5.6 Di II LD	12/15	7	22	0.25	0.125	77	83.2x78.6	345
A05	SP 17-35mm F2.8-4 Di LD	11/14	7	22	0.3	0.185	77	83.2x86.5	440
A16	SP 17-50mm F2.8 XR Di II	13/16	7	32	0.27	0.222	67	73.8x83.2	430
A14	AF 18-200mm F3.5-6.3 XR Di II LD Macro	13/15	7	22	0.45	0.27	62	73.8x83.7	398
A18	AF 18-250mm F3.5-6.3 Di II LD Macro	13/16	7	22	0.45	0.285	62	74.4x84.3	430
A09	SP 28-75mm F2.8 XR Di LD Macro	14/16	7	32	0.33	0.256	67	73x92	510
A031	AF 28-200mm F3.5-6.3 XR Di Macro	14/15	7	22	0.49	0.25	62	71x75.2	354
A20	AF 28-300mm F3.5-6.3 XR Di VC LD Macro	13/18	9	22	0.49	0.33	67	78.1x99	555
A061	AF 28-300mm F3.5-6.3 XR Di LD Macro	13/15	9	22	0.49	0.34	62	73x83.7	420
A15	AF 55-200mm F4-5.6 Di II LD Macro	9/13	9	32	0.95	0.286	52	71.6x83	295
A001	SP 70-200mm F2.8 Di LD Macro	13/18	9	32	0.95	0.32	77	89.5x194.3	1,150
A17	AF 70-300mm F4-5.6 Di LD Macro	9/13	9	32	1.5/0.95	0.5	62	76.6x116.5	435
A08	SP 200-500mm F5-6.3 Di LD	10/13	9	32	2.5	0.2	86	93.5x224.5	1,226
272E	SP 90mm F2.8 Di Macro 1:1	9/10	9	32	0.29	1	55	71.5x97	405
B01	SP 180mm F3.5 Di LD Macro 1:1	11/14	7	32	0.47	1	72	84.8x165.7	920

Tokina单反镜头规格表

型号	镜头	镜片组/片	光圈叶片	最小光圈	最近对焦距离/m	最大微距倍率	滤镜口径	直径×长度/mm	重量/g
AT-X 107 DX	10-17mm F3.5-4.5 DX Fisheye	8/10	6	22	0.14	0.39	-	70x71.1	350
AT-X 116 PRO DX	11-16mm F2.8 PRO DX	11/13	9	22	0.3	0.086	77	84x89.2	560
AT-X 124 PRO DX	12-24mm F4 PRO DX	11/13	9	22	0.3	0.125	77	84x89.5	510
AT-X 165 PRO DX	16-50mm F2.8 PRO DX	12/15	9	22	0.3	0.205	77	84x97.4	620
AT-X 280 AF PRO①	28-80mm F2.8 PRO	11/16	9	22	0.5	0.2	77	84x120	810
AT-X 535 PRO DX	50-135mm F2.8 PRO DX	14/18	9	22	1	0.17	67	78.2x135.2	845
AT-X 840 D①	80-400mm F4.5-5.6	10/16	8	32	2.5	0.185	72	79x136.5	990
AT-X M100 PRO D①	100mm F2.8 PRO D Macro	8/9	9	32	0.3	1	55	73x95.1	490
AT-X M35 PRO DX	35mm F2.8 PRO DX Macro	8/9	9	22	0.14	1	52	73.2x60.4	340

① 该镜头可使用于胶片机和APS–sized CCD的DSLR。

注：本表仅供参考，详见各原厂网站数据。

28类实拍主题、313幅专业作品、108则行家摄影心得！

告诉你行家才懂的关键取景思维！

拍照时活用构图加减法则，就能轻松拍出好照片！

十多年的摄影经验，以简单易懂的方式，完整呈现在18个摄影主题中！

恍若一场精彩的视觉盛宴，更加迅速地往摄影高手之路迈进！

美国国家地理全球摄影大赛中国区一等奖获得者带你去拍海和山！

探索绚丽多彩、变幻万千的微观世界，感悟以前尚未接触的摄影技术！

附赠Canon EOS 550D 拍摄使用技巧专家秘籍讲解光盘！

大量的图解说明、犹如名师亲临一般的逐步讲解！

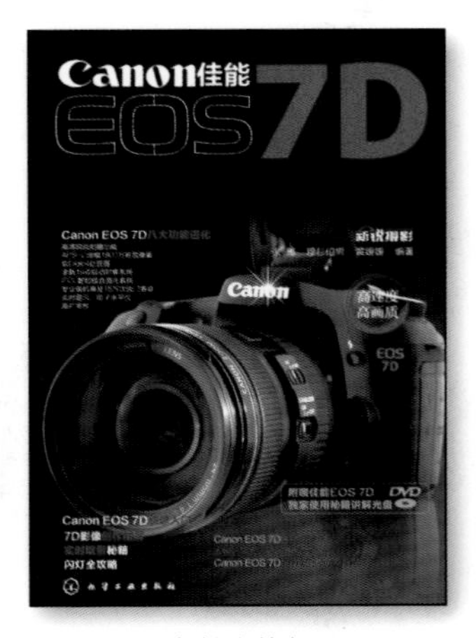

7D影像创作精解！

人像、风光、旅游拍摄全攻略！

揭秘D90新一代技术特性！

精彩PK，Nikon D90×Canon EOS50D！

专家解析必备镜头20款！